U0165382

養好玫瑰的關鍵10堂課

從1品變400品 不藏私栽培實錄

Ady、羅惠馨／著

目 錄 contents

 Lesson **1** 買玫瑰是買樂趣，不是要買挫折

Lesson **2** 介質這樣配，玫瑰長得好

Lesson **3** 如何讓玫瑰有效的養根與長枝葉

Lesson **4** 會修剪，玫瑰才會年年持續強壯

Lesson **5** 玫瑰常見的病蟲害和防治方法

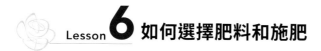

Lesson 6 如何選擇肥料和施肥

Lesson 7 玫瑰只要安然度夏，就會長長久久

 ## Lesson **8** 選對品種，時時是賞花日

Lesson **9** 伊芙、路西法、加百列高存活率的養護法

Lesson **10** 產地見學

│附錄│

就這樣走進小王子的玫瑰世界

唐代龐蘊居士寫的一首偈語：「一念心清淨，一花一世界」，當我們的心中生起一念清淨心，就等於一朵玫瑰花盛開，而每一朵美麗的玫瑰花裡，都有一個你與花的世界。

今生有幸，透過玫瑰骨瓷茶杯的緣分，結識了羅姊，每當與羅姊一起喝著英式下午茶，看她拿著維多利亞夫人骨瓷之家的截圖，一一和我們說，Aynsley 1930 年代鑲金邊粉紅色天菜杯上的玫瑰，是日本玫瑰結愛，那個 Herend 茶壺，壺蓋頂上的玫瑰花苞，則是法國玫昂公司育種的迷你伊甸玫瑰。娓娓道來台灣玫瑰達人種出來的每一張美照，讓我和老爺都覺得，彷彿玫瑰、骨瓷玫瑰杯、壺和我們竟然如此地靠近，真的是太神奇了。

只是羅姊看上的 Herend 茶壺是我的客人分享的白底圓壺照，而維多手上有的，則是從日本調貨過來的新貨，且是日本限定款的粉紅色茶

維也納玫瑰 Herend 茶壺，壺蓋頂上的玫瑰花苞很吸睛。（圖片提供／維多夫人）

花苞是法國玫昂的迷你伊甸，這叢花由簡國樑前輩種出。（圖片提供／簡國樑）

壺，壺蓋頂上的玫瑰花苞，拍得更清楚，讓人對 Herend 茶壺的獨特魅力，更加印象深刻。

羅姊還會細說玫瑰的栽種方式和香味，我彷彿就像生活在 B612 星球的小王子一樣，也被滿室的玫瑰花包圍著，好不浪漫。

小王子這麼說著：「因為你，為你的玫瑰花了那麼多時間，它才變得那麼重要」，「而當你用心看時，才能看清楚。重要的東西是眼睛看不見的」。

當你開始愛上一朵玫瑰，並為它付出歲月後才明白，愛就是不問值不值得，因為是愛，才讓一切變得有意義。願你跟著羅姊的玫瑰新書《養好玫瑰的關鍵 10 堂課》，找到那朵屬於你自己心愛的玫瑰。

維多利亞夫人骨瓷之家創辦人維多夫人與老爺
——線上最大老件瓷器玩家社團

英國名瓷Aynsley 1930年代推出的鑲金邊粉紅色玫瑰杯。（圖片提供／維多夫人）

Aynsley鑲金邊粉紅色玫瑰杯的玫瑰花就是結愛。（圖片提供／「凌的陽台」）

養玫瑰比養股更讓人開心

採訪過程中，我遇到一位樹玫前輩，劈頭就說養玫瑰怎麼可能用書教？不可能啦！他接著說，因為每個人的環境、條件，都不一樣，怎麼教？而且他一口咬定，所有業者都不會教，因為如果教了，每個人有可能變成競爭對手啊。

我想他話中的涵意，正是二十年來，台灣沒有一本教你如何在家養好玫瑰的書的原因之一吧！

但我很幸運就是跟對人，用對的方式，竟然在一年半內就養好陽台三十幾盆玫瑰花，我願意，而且歡迎更多達人站出來，教大家更厲害的方式，養好每一家的玫瑰。

三年前，我在台北興隆花市買了第一盆玫瑰花回家後，就開始對如何養好玫瑰產生濃厚興趣。我是行動派，對許多事，都是邊做邊學。

為了養好玫瑰，我先去買新的玫瑰用田土，扛回四樓的家，並且加入水果、廚餘，等它發酵一年後，再用新田土重新植入我的第一株玫瑰，那株玫瑰至今還活著並繼續開花。

後來，加入臉書的玫瑰分享社團後，才知道，這種黑灰色的田土，並不適合陽台盆栽，因為透氣性非常差，且容易結板塊，許多養玫瑰的行家，買到田土盆後第一個動作就是換土，這是養了玫瑰一年半後，我才知道的養玫基本常識。

近兩年，我先後加入了五個跟玫瑰有關的社團，開始購買樹玫和自根盆栽。因為樹玫和自根盆栽大都自帶盆土，所以，直到某次我跟某位花友合購冬冬幼苗（之前都是他幫我配介質）後，告訴我，他手上的介質不夠，且還多給我三株幼苗，因為他的陽台放不下，我終於面臨玫瑰危機。

介質是什麼？怎麼配？問誰？

玫瑰要種在什麼土裡，才會活？我第一個求助的對象就是曾經賣玫瑰給我，而且售後服務好到不行的 Ady，Ady 接到我的求救電話，馬上把她認為對散戶較友好的園藝賣場連結給我，而且教我該買哪些介質來做搭配。

　　就這樣為了不讓六株玫瑰幼苗掛掉，那一個星期我手忙腳亂，有兩株幼苗在一週間換了三次介質，我背脊發涼地覺得夠了，如果我連介質都沒辦法自己調配，就不該養玫瑰。

　　好在我換介質三個月後，六株都健在且有開花，購自 Ady 的那三株，在我包辦換介質、換盆後，都明顯的抽芽、長枝條、還開花了，讓我超開心。

　　玫瑰讓我重新開啟學習之門，因為她是那麼的美麗，而且是一年四季常開的美麗，我不捨也不敢讓玫瑰栽在我手上。

玫瑰小白每天增加的人數跟開戶數一樣多

　　這期間我和 Ady 陸續有對話，編輯做久了，總有一些嗅覺，我感覺在網路盛行的世界裡，買賣玫瑰的方式、機制，和以前在住家附近花店買的方式大不同，買賣的生態結構和因距離而產生的問題也接踵而來，因為玫瑰社團上，每天都有玫瑰新手加入，每天都有六個新人問同樣的問題，但他會得到十幾個答案，然後更迷惘了。

　　人們對玫瑰的熱情，在網路上顯而易見，每週都有社團在進行買賣，每天都有許多新手在問：「我是玫瑰小白，請問我這株玫瑰怎麼了？葉子為什麼忽然捲起來？」感覺上，很像民國七十七年股市指數逐日高

升，每天都有人到證券公司開戶，每天都有人在討論：「今天要買哪支？」的氣氛。

視頻要你一直壓枝，那你什麼時候可以看到花？

但玫瑰是實實在在的植物，總是有正規的種植方法，然而台灣目前市面上有關玫瑰種植的圖鑑和書籍，多是翻譯自歐美、日本的文字，至今沒有一本是根據台灣的氣候、環境、土壤等特性來好好種植玫瑰的書籍。

現代人熱中看免費的視頻，因為方便又沒成本，但是視頻裡的做法，看在專業玫瑰種植業者眼裡，很無言，因為每個人的種植環境、條件不一，拍視頻者給你看的方法、建議，他可以成功，但你照著做，卻不一定成功，為什麼？因為視頻拍攝者給大眾看的，一定是他最好條件下、最高功夫下的成品，而看視頻者若沒有基礎知識，只看到形貌，不知其然，看了，也是白看。

甚至許多還是錯的，例如許多視頻都教說：「想要玫瑰苗多長出筍芽，就要壓枝。」所以許多人整盆壓一圈，一直壓，連新出的筍也繼續壓。在國內擁有凱薩琳玫瑰切花品種專利權，種植玫瑰切花二十年的玫瑰大師江賀欽就說：「你這樣壓，那你什麼時候可以看到花？」江賀欽說，玫瑰要長得好，關鍵在養好根，根壯了，枝自然會出，有枝條，才

會有花。冬冬玫瑰園的負責人楊文禎也說：「玫瑰幼苗的枝條怎麼橫，怎麼亂，都沒必要干預，因為它們都是營養枝，等基部長出主枝後，這些營養枝都要剪掉，不用壓啊。」

在台灣養玫瑰正是時候，達人教你正確養好玫瑰的關鍵事

換句話說，網路視頻多的是片段，沒有系統，只求單一效果的偏方，對玫瑰的長期長勢，並不是有益且正確的方式。

這就是我和 Ady 決定合作出一本專為台灣喜愛玫瑰的讀者，如何一步一步、用正確的觀念和方法，種出健康、美麗的玫瑰花。在本書中，Ady 會以她四年前從一盆由冬冬網購而來的小苗，種到現在成為七加侖盆，豐花、強壯的母本，而她用扦插和嫁接的方式，成功扦插、嫁接出小苗，再把小苗養到四、五、六寸的植株，賣給喜愛玫瑰的客人，不但客人的回購率高，客服的滿意度更高，Ady 也一路從一品種到四百品以上，成為玫瑰養護達人。

四年的時間，Ady 積極地種植各國品種，歷經各種季節病蟲害、用遍台灣、日本肥料的過程和經驗，Ady 都如實交代，例如她真的在三年間買遍各種肥料，從化學到有機，從每年八種品牌輪著用，到現在一瓶解決。

　　Ady 的想法是：「我要用最簡單、輕鬆的方式，養好玫瑰，並且分享給所有愛玫瑰的台灣人，讓每家每戶都可以成功的種植、養護好玫瑰，一年四季都能看見玫瑰花開、聞到玫瑰花香。」Ady 用四年時間證明，她確實做到了，現在她要在本書中，絕不藏私、不取巧的，告訴所有想種玫瑰的人，跟著她的方法做，就可以最快的時間，從玫瑰小白變成玫瑰好手。

　　為了讓讀者更好的養護玫瑰，本書獨家首訪冬冬玫瑰園的負責人楊文禎，和在豐原種玫瑰切花二十五年的江欽賀，他們兩人都是在台灣的土地上，培育、種植玫瑰超過二十年，而且取得非常優秀的市場成績，有他們的經驗分享，相信讀者對養護玫瑰會更加有感。

　　開始吧！一邊看書，一邊選花、種花，讓自己很快上手就有成就感，而且非常開心。

羅惠馨於 2024 年 6 月 22 日

買玫瑰是買樂趣，不是要買挫折

買一款玫瑰之前請先做功課，例如它會長多高，是不是你喜歡的花型，只有當你很喜歡它時，才會願意投入時間去照顧它，這樣才養得下去。

已經入玫瑰坑了？還是正準備出手買玫瑰植株？

先停下來，看看這一章，然後再行動，保證你會買得更開心、種得更安心。

我知道，有些人是被花選中了，就是你突然看到一張美美的玫瑰花照，一見傾心，再見鍾情，就是有一股想把她買下來的衝動，可能，已經買了？

日本瑪莉

浪漫情人（浪漫愛咪）／法國玫昂

　　有些人則是被種草，就是聽朋友、網友說種玫瑰怎樣怎樣好，然後你就也想種種看，但是買回來後，發現自己好像沒有那麼喜歡，一直在猶豫是不是真的喜歡玫瑰花。不管是什麼原因讓你入玫瑰坑，只是因為看到網路上許多國外的美麗花牆或夢幻玫瑰庭院，而期待自己也能種出這樣的景致的話，你很可能幾個月後就退坑了，因為，你跟玫瑰相遇的方式，是充滿夢幻的遐想，但真正接觸到玫瑰時，若沒有對的種植方式和對玫瑰的根本了解，那麼，在種植的過程中，就會有當初的幻想和現實中間的巨大落差，因此路走不遠。

　　為了不浪費你的時間和金錢，我建議你重新換個方式，找到符合你喜好的玫瑰品種，前提是，要學會確認，你是真的喜歡玫瑰。

海葵（海的女兒），
日系切花

買的方式不對，沒有愛，只有累！

我有超過一半的客人，是花友間互相介紹來的，且多是上班族。不開玩笑，嚴酷夏日，下班後吃個飯洗個澡休息一下，陪陪家人和孩子，得了空，才能澆花順便整理，弄一弄，就是凌晨一、兩點了，一開始也許興致勃勃，但長久這樣的養玫方式，你一定不會開心。

最常碰到的就是盲買，看見社團裡有人貼了什麼花很喜歡，但對生長條件、花性都不查一下就入手，然後花開出來和別人貼的花照判若兩人，因而滿心失望。其實更了解玫瑰一點，你就會知道，花型、花色除了跟株齡有關，也跟種植環境的日照，氣候，種植和管理方式大有關係。玫瑰小苗的花常常都不標準，甚至有些品種要種植一年兩年，花型才會開得周正完美，所以入手前先了解玫瑰的特性與其對光照需求的程度，是必要的。

好運

這款切花真的就叫好運，名子很討喜，我入坑的時候它就已經頗具盛名，是當時許多花友心中必收藏的夢幻花款，淡香，花徑約 8 公分。

不過由於屬於較有年份的切花，網路上相關資訊非常少，因此查不到關於這品花的相關資料，只能由種植經驗中得知花性，長勢不快，天熱也容易停滯不長，算是比較有難度的一品，但晚秋開始至來年春天都是可以正常生長開花的，開花性也算不錯，常一莖多花。

這是剛下水肥後一週開的花，紅邊很明顯。

這是修剪後再次開花的模樣，不同溫度和肥份的些微差異，讓花的模樣完全不同。

ADY家門口的一角，冬春日照約6至7小時，花團錦簇（攝於2024年3月）。

冬春日照約 6 至 7 小時

　　坦白說，多數人都是透過網路看花的訊息，而那些在社團上會秀出標準花的人，多半具有最好的技術加上光照充足的環境，才會一大叢一大叢的開，且大部分是用地植的方式種玫瑰，盆植的話就更考驗主人的功力，只有主人具有良好的種植技巧，還有環境的先天加成，再加上後天經年累月的經驗與時間，才能種出大叢的「標準花」。所以請不要只看到花照，就衝去買花。

　　以我養玫瑰 4 年的經驗，建議你先別急著買花，請先評估自家日照時間。你家的陽台或將種植玫瑰的土地，一天至少有 4 小時的日照時間（這裡指的是太陽曬得到，散光不算），否則建議你選擇別種花類，例如繡球花。因為玫瑰真的是非常需要充足光照的植物，一天至少有 4 至 6 小時能曬到太陽，例如五樓公寓的頂樓，種植玫瑰就比較容易開花，花量也會翻倍。如果是面向受光面較多的陽台、露台，也是可以種植玫瑰，而全開放式、半開放式陽台，又比封閉式陽台來得適合。

羅姊家在台北，東西向陽台，即使是冬天，每天也有5小時以上的日照（攝於2024年4月）。

日照
環境

北向
陽台全天無直射陽光

西向
陽台為半日照

東向
陽台為半日照

南向
陽台為全日照

伊織（葵）芽變／國枝啟司

不能求速成，至少給它一個春夏秋冬！

　　凡事有時，花開也有時，你要記得你只是個牧羊人，引導著它長大，給它時間，它會開最美的花來感謝你。如果真的等不及，拜託至少給它一個春夏秋冬。就像我手上這株夢幻曲，是標準的大器晚成型玫瑰，它的夢幻來自於種植2至3年後，能開出無可匹敵的絕對夢幻。

　　大家都愛漂亮的玫瑰，但是你知道嗎？夏天的玫瑰有時會醜得跟鬼一樣，你仍然愛她嗎？所以，如果你真的對某一品玫瑰有興趣，就先做點功課，確定就算它再怎麼糟糕，都依舊愛它等它，這樣才會有耐心等待，願意夏天每天澆花還甘之如飴。

夢幻曲（羅莎歐麗）

大器晚成型玫瑰，種植2至
3年後開出夢幻的花型。從第
一年只能稱為「衛生紙」的模
樣，到第三年開出10公分大
圓盤，圓到我想拿圓規來量，
超想幫它改名夢幻圓舞曲。

第一年（2021年至8月），請叫它衛生
紙，還是用過的，不僅僅是夏季，四季都
開的不怎樣。

第二年（2022年4月），有進步，開始有
美的感覺。

第三年（2023年10月），一莖多花，名
符其實的夢幻。

祕密花園

初次買花切勿貪多

　　我是 2020 年入冬前開始入玫瑰坑的，當時只是覺得租屋處的房子院子太蕭瑟，於是開始入手各種玫瑰、樹玫瑰。不過我跟玫瑰的初體驗其實不太好，那時瘋狂，三個月內竟然入手近五十個品種，搞到自己灰頭土臉，一直忙於換盆、買資材、喬位置的情況，最後換到不知道自己在幹什麼，也沒有機會好好審視每一棵孩子。

　　初次入手買太多，會增加複雜性，因為對花的品種、特性都還不清楚，就無法好好對待他們。養玫瑰其實也跟養孩子一樣，不是擁有就好，還要好好觀察他們的生長與植株特性，才會養出成就感。我們只是個牧羊人，引導他長大，給他時間，陪他開出最美的自己。

抹大拉的瑪莉亞（大衛奧斯汀）

養玫至少要有陪著玫瑰一年的心理準備，因為玫瑰需要時間才能長大、長美。第一年花型還不太漂亮，到第二年成熟，花型就周正了。

對玫瑰而言，不滿一年的植株都還算是在苗期，苗期所開的花不完美，或是與別人照片中的完美花型相差甚遠，是正常的，例如第一年的瑪莉亞，花朵不大約6至8公分，花型也不標準，中間的鈕扣心亦不完整。

第二年整個花色大幅度提亮，有了黃到粉紅的漸層，花徑變大至少10公分，花芯中的鈕扣心也完整呈現。

〔買玫時間點〕9月到隔年4月最佳，避開夏季入手

多年的經驗下來，我的建議是每年的9月之後到隔年的4月，才是買玫瑰的好時機，尤其是較弱小的苗，在這時候買才最為安全。等到9月，夏天快過了，天氣會漸漸變涼爽，可以有最佳條件和時間好好照顧植株，然後在冬天和來年的春天欣賞花開。加上累積了一些經驗，也趁機養壯了孩子苗，讓原本弱小的玫瑰植株有足夠的資本，得以安然度過第二年的夏天。

反之，如果是在5月後開始買玫瑰新苗，不久之後就會遇到夏天，新手遇到夏天，真的很容易出事，一開始就遇到季節性的挫折，不利於你建立養玫瑰的信心。

復古棕色

瓦倫蒂娜

茶花女

當時有大陸網友非常推崇她，讚賞她耐熱抗病、植株矮小、豐花、適合低農藥照護，我出於好奇開始蒐藏。

第一年並沒有發現她有什麼特別優秀，花型也沒有很吸引我，長勢不快，葉片硬挺肥厚，除了黑斑白粉不染以外，蟲也不愛吃；但是到了第二年開出來的花卻讓我大為驚艷，不僅花型周正圓滿，包子狀，花瓣帶有鋸齒，而且可以多頭開花。

第一年（2023年2月）

第二年（2024年1月）

〔盆栽尺寸怎麼選〕幼苗難度高，6寸苗照著養

一般來說，市場上玫瑰小苗的價位，2至3寸苗一株150元以上（看品種而定），因為5至6寸算大苗，一株大約300至700元，看品種如果沒有預算限制，我總是建議新手入手以5至6寸大苗為佳。因為是大苗，苗情穩定，且穩根了，株型較佳，看起來很健康，只要照著該做的養，花比較不會掛掉，容易建立成就感。

而照顧2至3寸苗則需要經驗，連老手都不見得能搞定，很可能三個月內小苗就讓新手收空盆了。

左圖／是甜月盛開時的花型和花色。右圖／是6寸甜月的植株型態。根據「美加美玫瑰園」的資料顯示，甜月是日本育種家西寺菊雄，以日本第一棵獲獎的紫玫瑰「紫夫人」雜交育出的後代優良品種，中輪豐花，四季開花，具強香，花型有如一層一層漂亮的紫色裙擺。

　　　　　　　　　　　　　　　　右圖／交響樂之瞳

陽台養玫第一次就成功　新手入門建議清單

　　如果是種在陽台，那麼植株長成型後的高度，就必須列入參考，因為長太高的植株，並不適合陽台，一般以60、70公分以內（不含盆高）為佳。考量成株高度，蔓性玫瑰就先暫時pass。因為大部分蔓性玫瑰基本特性就是枝條會伸很長，植株要有一定的成熟度，光線足夠才會開花，陽台會讓蔓性玫瑰它施展不開。

　　有國外針對陽台族的花友研究發現，陽台族最喜歡日日有花看，因此「陽台」和「永遠」系列，就是很適合陽台族的玫瑰，他們的屬性是株型不會太占空間，但又來花不斷，完全是個會讓人滿心喜悅的孩子。

❧ 陽台系列 ❧

海神王陽台

面對這種愛開花多過於長葉子的品種，全年四季都只要花下修剪就好，盡量保持越多葉子越穩妥。
要很注意幼苗期，持續摘苞，不然它會永遠長不大而一直在結花苞。等到葉子的數量足夠了，植株也有一定的強健度以後再放開給開，不然很容易越養越弱。

果汁陽台

國民經典必入品種，超級無敵乖寶寶，適合各種環境種植，開花性極佳，無香，花耐撐，也不難搞，株型不會過大，是新手成就感友善品種。

紫色陽台、杏色陽台

這組的特色就是開花性絕對佳，株型也很適合陽台。不過其他陽台系列種植難度就差異很大，像是芳香王陽台，冥王星陽台，難度就比較高。

阿波羅陽台
（果汁陽台芽變）

枝條比較纖細柔軟一點，花瓣
在天氣較冷的時候會有波浪，
花比果汁陽台大很多，比較偏
向一莖一花，觀賞度極高。

❧ 花量豐滿系列 ❧

永遠的艾帕索

一樣是株型小巧，極度豐花的品種，花型較果汁陽台大，無香，但對黑
斑病抗性較差，適合淋不到雨的陽台。長勢緩慢，苗期建議摘苞養株較
長時間，等株型夠大再讓它開花。

復古棕色

天生好顧的品種，乖寶寶程度跟果汁陽台差不多，花跟永遠的艾帕索差不多大，花色的變化性較大，不同日照程度花色差異極大，算是一款很華麗的品種，株型較大一些，約落在 70 至 90 公分左右。

瓦倫蒂娜

我的愛花之一，切花嫁接而來，所以目前現有的資料較少，但我非常喜愛它。開花性極佳，無香但花瓣非常持久，開到最後花型還是維持不變，僅顏色逐漸變淡。矮叢，生長較慢，觀賞價值極高，怕熱，所以夏天不太愛生長，定期噴藥就可控制黑斑。

介質這樣配，玫瑰長得好

為什麼網路上一堆討論及建議如何調介質的視頻？因為每種配方和栽培者所處的環境有關，所以形形色色。基本上保水和排水，就是調配玫瑰介質的兩大重點，只要開始配會調整，就可以調出最適合你家種玫瑰的介質。

　　還記得之前我建議新手以選買 5 至 6 寸大苗為佳嗎？雖然價格高些，但苗情穩定，只要你照著該做的養護，花不會掛掉。

　　四年前剛入坑，只要有加入玫瑰社團，一定會聽到「冬冬」兩個字，所以我也第一次學著跟大家去搶冬冬，買回來的植株，非常大棵，雖然是 3.5 吋的黑軟盆，但苗株的高度尺寸往往是一般社團賣家的 5 寸大小，而且苗情健康葉片漂亮，買回後直接可以入 7 或 8 寸盆，CP 值超高。

　　但是買冬冬苗有一個前提，那就是你得有給玫瑰住的土（介質），因為花苗來時，就只是帶著 3.5 寸的黑塑膠軟盆，這點土是不足以支撐玫瑰長大的，所以羅姐的做法就是先預估要換幾寸的盆，請賣家估需要買多少公升的土（介質）。

　　過去在花市或花店買到的玫瑰盆栽，多是從田尾北上來的田土盆栽玫瑰，大家都把玫瑰當一季花，開過花就丟的盆

栽植玫瑰的介質是玫瑰存活的關鍵因素之一。

栽，一盆 120 至 150 元，真的很便宜，但是這樣的花苗，常常買回去不會照顧，很多活不過一年。

　　曾經我看到玫瑰用田土種，就跟看到鬼一樣，回家後會用力洗根，洗到乾乾淨淨還過好幾次水。後來有前輩提醒我，天然的東西對植物才是最好，如果田土真的那麼萬惡，為何它可以生養台灣世世代代的人？

　　後來我認真反省，田土就是單純的保水介質之一，只有用得對不對，而不是好或不好。再加上自從有一部分玫瑰移到叔叔田裡之後，我原來的配土比例明顯承受不了全日照，乾得非常快，那年夏天澆水澆到苦哈哈，我終於明白，為何住南部的前輩們配土中都會含有一定比例的田土了。

學會換盆，由小盆慢慢換到大盆，也是養好玫瑰的關鍵動作。

　　老天爺用一整個夏天的烘烤，教會我要因地制宜，如果不會應變，就只會搞死自己。很多事情都是一體兩面，我們往往只看到自己想看的那面，而忽略其實也很重要的另一面。

　　田土，它很黏，密度很高，看似不透氣，其實保水能力最佳。只要你盆子隔熱做得好，含水田土的介質，溫度不容易升得太快，控溫效果最好，寒流期可保溫，盛夏期可保陰涼。

　　所以，田土可以用，只要抓好比例，例如原本 50% 保濕介質用泥炭土，可以改加個 5% 田土進去，泥炭土比例改成 45%，其他顆粒排水介質照用，反正排水性的介質混一混占 50% 就可以，不一定要誰多或誰少，有時我也是看感覺有什麼用什麼。除非顆粒介質使用名單裡有鹼性（像碳化稻穀），這時候就要注意碳化稻穀用量不要超過 10%，原因是玫瑰喜歡微酸性土壤，過鹼的介質太多會造成你調配好的玫瑰介質偏鹼，不利玫瑰生長。

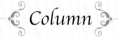

田土洗根方式

　　如果不喜歡原有盆栽（通常是大型盆栽六寸以上）的田土，可以進行洗根，但基本上不建議新手操作，因為風險頗高，而且建議是採用保留中心部分1/3土團的洗根，在每年冬季（12月至2月）才適合進行。

〔**步驟**〕

1. 先將植株做簡單的修剪，較小的苗就只剪去花（含花苞）即可，成株的話可以進行輕剪或中剪，這樣做的目的是減輕洗根後根系的負擔（洗根或多或少一定會造成根系損傷），在洗根時也比較好操作，不會因植株過大以致在洗根時受傷。

2. 用硬物敲擊盆面四周，讓盆土塊與盆身分離以後，植株包含土團就可以很輕鬆地拿起來。（在盆土半乾以後會比較好操作）

3.準備一個容器（例如臉盆），裝一半左右的水，將植株的土團泡進水裡等待一陣子。

4.待土團稍微有崩解的感覺以後，就可以在水裡用手輕輕剝除土團，這期間有弄斷根也別太緊張，繼續剝除到約剩1/3左右中心的土團就可停手。

5.新盆中先放1/3左右的新土（此時要放有機肥或緩釋肥當基肥也可以，但要跟原土團有點距離或用一層新土隔開），再將土團置入盆中後加入新土，此時建議盆中覆滿新土後記得讓些微的原土團露出土表，這樣才不會因為新舊土密度不同澆水時無法澆透，這是一個服盆很重要的小訣竅喔！（一般換盆時也適用）

有機肥 ←

6. 植株穩固後澆定根水，定根水一定要澆好澆滿澆透，確保盆中的新土都有充分吸飽水，然後再將植株放到陰涼處約1至2週禮拜緩根。

注意： 期間不需要澆水，除了基肥以外也不要再下其他肥料，這段時間根系還沒伸出來，太多水反而會悶根，服盆時期除非盆土表面看起來已經很乾了，才需再補點水。

何謂定根水？

定根水指的就是換完盆第一次澆的水，如其名，剛換新土，根系與新介質的結合度不足，透過澆水將根系與介質充分結合，固定根系穩定植株，根系在不穩定的狀態下（例如植株會晃動）是無法好好伸展的，透過澆水穩固植株才能讓根系盡快適應新介質，是換盆中很重要的一個步驟，請記得定根水一定要澆透澆好澆滿。

7. 當植株開始恢復生長時就可以搬出來曬太陽囉！此時開始就正常澆水正常給肥。

注意： ❶洗根換土的植株，僵苗期會比較長，依品種不同有些可能更長，只要葉子沒有萎焉就不用過於擔心是否悶根，注意補水控水，靜待其恢復生長即可。
❷不建議洗掉所有田土，洗根失敗的機率會大增，除非你對自己洗根的技術非常有信心，但全洗根連老手都有可能翻車，洗根前請謹慎考慮。

泥炭土、椰纖、椰塊、煉石是玫瑰介質的調配基礎

如果你看過日本翻譯的玫瑰書籍，會發現他們對於玫瑰的幼苗、成苗，用的介質都不同，但都會用到鹿沼土、赤玉土，然而這些土在日本是隨手可得，價格便宜，但若要照單全收在台灣買鹿沼土、赤玉土，那就太貴了。

所以在台灣，大部分玫瑰栽植者調配的介質中有椰纖、椰塊、泥炭土、火山石、煉石、珍珠岩、蛭石、赤玉土、河砂、碳化稻穀和少量的田土或陽明山土等，至於每一種的比例，就要看你所處的區域和環境，而做調整，這才是重點。

以四年種了四百棵玫瑰的經驗，我的建議是，只需在保水介質中取一或兩種，再加上顆粒狀的排水介質中取 3 至 4 種，混拌即可。

例如我住在台中，我的配土一開始是看大陸天狼的視頻，他的玫瑰配土是粗泥炭土、椰糠、椰塊，加一些珍珠岩，我也不知道去往哪找這些東西，就到蝦皮上找根呼吸的椰纖、椰塊，也不知道尺寸正確與否。

一開始買的是 70 公升芬蘭的泥炭土，過程中我有發現泥炭土有分育苗用，和其他各式各樣的，有的甚至是 PH 值 5.5 以下，很酸。

後來我去問一位前輩，他告訴我，泥炭土不管是粗、細泥炭，或是育苗用的，都可以使用，因為還是要再另外搭配其他排水介質，但天狼用的是粗的，叫凱吉拉的牌子，泥炭是六至三十公釐，粗顆粒的，我後來有一段時間就都採用這個牌子。

最早時我按照大陸視頻配方，由粗泥炭土、椰糠（台灣就叫椰纖）、椰塊和珍珠岩組合成玫瑰介質，粗泥炭土是保水用的，占60至70%，其他就是排水介質，占30至40%。

泥炭土、椰糠、椰塊、火山石、煉石拌勻後的玫瑰介質外觀就是長這樣。

我在台中的介質，保水和排水比是 6:4

但後來我發現，按照大陸視頻上的配土，我的介質乾得很慢，土太濕了，後來我根據自家環境（我的住家環境有大樹，所以並不是全日照），調成泥炭土在50%到60%之間，其他就是拌入排水的介質，但這樣的比例放到我叔叔田裡全日照，又過於排水了，所以放田裡的介質比例，又再調整過。

排水的介質就以你手上現有的材料去放，例如煉石、蛭石、珍珠岩、火山石、赤玉土、椰纖、椰塊、碳化稻穀、沙土、砂。我聽一位玫瑰前輩說過，其實種花應該要練到：手邊有什麼資材就用什麼，信手就能配出讓玫瑰健康生長的介質，才是高手。

　　後來我就變得很隨性，只要能調出保水和排水的比例約為 6：4 就可以，放寬心去調，不用怕這個多一點，那個少一點，會不會出事，絕對沒事的，就只是個大概比例，甚至可以去實驗看看，調個5:5、6:4 或 7:3，像做實驗一樣，看哪一種比例在你那邊最適合，你就用哪一種比例。

　　我目前使用的沃鬆一號（裡面大概有 15% 是珍珠岩和椰纖），要分開算太複雜了，所以沃鬆一號我是整個把它當泥炭土（保水介質）看待，以前使用的凱吉拉，是純壓縮的全泥炭土，我放的比例都沒變，所以才說比例有點小誤差都沒有關係。

我用的土有分家裡的（非全日照）和叔叔田裡的（全日照）兩種。

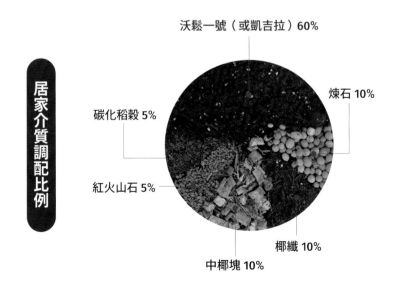

居家介質調配比例

沃鬆一號（或凱吉拉）60%

煉石 10%

碳化稻穀 5%

紅火山石 5%

中椰塊 10%

椰纖 10%

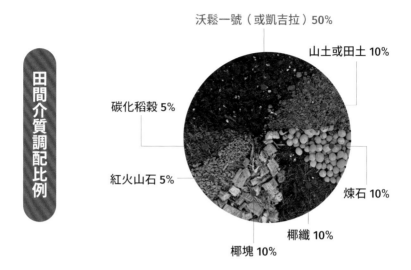

田間介質調配比例

沃鬆一號（或凱吉拉）50%

山土或田土 10%

碳化稻穀 5%

煉石 10%

紅火山石 5%

椰纖 10%

椰塊 10%

　　可以看出泥炭土是玫瑰介質中用量最大的一種，中南部的花友若是種植在頂樓全露天或其他全日照環境下，加一點田土（或山土），會比較適全露天盆栽養植，陽台族或其他非全日照的族群，沒使用田土或陽明山土，無所謂。

　　以上是適合我所在地區環境的介質調配，你住在台灣的北中南，不會跟我一樣，所以得自己做微調。除了保水介質沒太多選擇，頂多換成市售的一般培養土，其餘的顆粒介質，在市面上則是琳瑯滿目多到誇張。所以曾有種多肉的花友，問我多肉介質可不可以拿來當玫瑰的排水介質？我說當然可以啊。

　　一定有人會問，為什麼椰纖、椰塊和煉石占最大宗，答案很簡單，因為最便宜，而且質地比較輕，我的盆子常常是 5 加侖（一尺盆左右），裡面有水的狀態下其實很重，能不要搬重物，我還是不想搬重物的。如果你要把排水介質全用貴貴的赤玉或多肉土，還是用黑火山石，我覺得都 OK，只要碳化稻穀不要超過配土總占比 10% 就好。

不會配土的新手，可用翠筠靚土和多肉介質，1:1 混合

你只要理解，玫瑰的介質要有保水的部分，也要有排水的部分，這兩個大重點抓好，裡面的材料要怎麼換，都看你自己的預算和能力而定。

新手完全不會配土，我的建議是買最容易取得的翠筠靚土和多肉介質土，1:1 混在一起，就是最簡便的玫瑰配土，如果這樣的配方還太容易乾，一天要澆兩次水以上，那就把靚土的份量再多加一點，多肉介質少一點。

反過來亦然，盡量調到夏天一天只要澆一次水，冬天 2 至 3 天澆一次水，新手大概就能理解，好懂又好操作，重點是這些資材都很方便取得。

翠筠土

多肉介質

台北的介質較麻煩，保水和排水比是 4:6

　　而北部的配土就要比中南部的配土更加疏鬆排水一點，有位知名的玫瑰花友慕慕在介質上很用心，她的夏天配土和冬天配土，是不一樣的，因為台北的夏天是極熱地獄，而冬天則是陰雨綿綿，其實玫瑰最怕的就是連續的雨水天，所以在多雨的環境中，盡量將介質調得排水一點，相對安全，但在盛夏全日曬的頂樓環境，又需要更保水的介質，才不用澆水澆到懷疑人生，所以慕慕在台北種樹玫，夏天和冬天她是會大動作換介質的，一年換兩次，真的很用心，我也非常佩服，這種毅力不是常人有的，包括我也做不到。

　　在台北種玫瑰，尤其是陽台族，介質必須以疏鬆透氣為主。像本書作者之一的羅姊，她現在就很會調配種在台北文山區的玫瑰介質，羅姊調的玫瑰介質的保水和排水比是 4:6，成分包括欣榮園藝訂購玫瑰專用土、綠沸石、印尼紅火山石，白火山石，椰塊、有機肥，和陽明山土，混在一起攪拌後，就可以成為透水性佳，又帶點基本底肥（陽明山土和有機肥）的絕佳玫瑰介質。

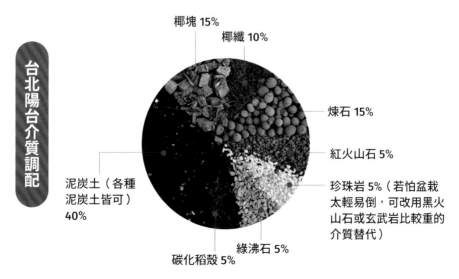

台北陽台介質調配

椰塊 15%
椰纖 10%
煉石 15%
紅火山石 5%
珍珠岩 5%（若怕盆栽太輕易倒，可改用黑火山石或玄武岩比較重的介質替代）
綠沸石 5%
碳化稻殼 5%
泥炭土（各種泥炭土皆可）40%

◉北部陽台玫瑰通用介質：可參考「凌的陽台」

「凌的陽台」在中壢有溫室設備，都是盆栽養植玫瑰，且都是掐花苞、打頂一年才上架的 6 寸植株，她的玫瑰介質就是針對北部陽台族配置的，新手可以參考選購。

「凌的陽台」玫瑰介質成分有 10 種之多，雖然價格貴些，但貨一到手，馬上可裝盆，她的配土是越大盆越適用，因為大盆的水分可以留得較久，小盆就會流失水較多，所以我的建議就是夏天時針對乾得很快的小盆，可以在底部多加一個水盤。

成分中有一個特別的介質：綠沸石，因為台北的冬天雨水太多，且沒有陽光，土壤長期潮濕，連空氣都是濕的，加綠沸石，對根是有保護作用的。

我剛開始也有加綠沸石，因為日本有研究指出，天然礦石的綠沸石含矽，具有殺菌、抑制根腐的作用，但後來因為隨著盆數增加，土的用量加大，成本墊高，再加上我也有放少量的碳化稻穀，而且在台中的環境中雨水並沒有那麼多，因此我就沒再加綠沸石。

「凌的陽台」的玫瑰介質成分多達10種。

泥炭土

是目前使用最廣泛的保水介質，用來取代田土，作為盆土保濕和保水保肥最重要的部分。原本使用的是凱吉拉300公升的粗泥炭土（6mm至30mm），但有一陣子海運大塞車，造成凱吉拉泥炭土常常缺貨，我便開始尋找替代品，後來使用台灣地區本土的沃鬆一號花卉專用介質（200公升大包裝），已使用至今。

另外也有小包裝70公升可以選擇。市面上其他種類的泥炭土也都可以購買，沒有限制，但要注意不要買到PH5.5的酸性泥炭土，這個是拿來種藍莓的，養玫瑰會太酸（玫瑰適合PH6至7微酸性）。

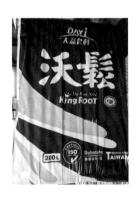

沃鬆一號花卉專用介質

凱吉拉粗泥炭土6mm至30mm（300公升），有不少賣分裝小包，價格不一，如要購買要請自行斟酌用量及價格是否合理再行購入

陽明山土（山土）

目前市面上很多稱為陽明山土，其實都是一般山土，真正的陽明山土是黑色的，多在國家公園內靠近火山口附近，所以是禁採的。一般山土質地仍較田土疏鬆且顆粒較多，大部分市售的山土都是褐紅色的，含鐵量相當豐富，對玫瑰其實很有幫助，另外山土在介質中的角色跟田土差不多，用法也相同，混用在介質中皆可。

若是陽台族，山土用量也建議不宜過多，配完土以後澆水能在 10 至 15 秒以內完全滲下就表示介質夠排水即可，10 至 15 秒這個概念是玫瑰田園夢的阿祥所提出，個人覺得這個觀念很精準，很適合新手當作調配介質的參考。

當然如果你已經很了解所在的環境，知道怎樣調配適合的介質，就照你的方法即可，種花沒有一定的準則，這裡只是給新手一個比較明確的數字，讓新手有所依循。

椰纖

　　椰子殼絞碎後的細末，主要被歸類在排水介質，價格便宜好取得。但由於質地細緻，使用久了還是會變得密實，少量使用的陽台族可以購買根呼吸小塊椰纖磚（約 650 公克），泡水後就可以使用。

大型椰磚（約 5 公斤）

　　這是我最常使用的大小，先放入一尺四有提袋的美植袋內，再一起放入 50 公升的橘色塑膠方盆中加水泡開，靜置半天，等椰纖完全泡鬆就可以把美植袋提起來，此時美植袋內的椰纖就可以使用。

椰塊

椰塊屬有機物，會因使用時間久而腐化導致孔隙變密，這過程粗估約 2 年（看氣候溫度），所以若有使用大量椰塊椰纖當介質的話，建議兩年內要重新換土維持排水透氣性。

根呼吸椰塊沒有小包裝，目前最小的規格是壓縮後的大椰塊磚（約 5 公斤），我一樣習慣使用根吸呼，我的盆較大（3 加侖至 7 加侖或 8 寸至一尺二），使用中型椰塊，一般種植於 7 寸盆（2 加侖）以下的，使用小椰塊即可，泡開的方法跟上述椰纖的方式一樣，若是小量種植者，可以先將壓縮的椰塊磚敲成小塊，再依使用的量泡開即可。

有時你會看到有人提及 EC 值，就是指鹽度。椰子殼生產在海邊，所以通常粗略加工過後就壓縮成塊的椰殼或椰纖，EC 值都很高（鹹度高），玫瑰介質的 EC 值大約要抓 0.5 左右比較適合，我選擇根呼吸的原因，就是在於它有經過第二次加工，已經讓 EC 值降得很低，到消費者手中不需要再經過多次水洗浸泡去鹽。

我個人使用多年，都只有浸泡一次讓壓縮成塊的椰纖椰塊泡開，沒有再經過水洗的動作，玫瑰種植也都沒有問題。

消費者若有購買其他品牌的椰纖椰塊，記得要注意 EC 值這部分，若購買沒有標示的散裝，更要重複洗個幾次才比較安全，避免玫瑰被鹹死。

煉石

正確名稱是發泡煉石又稱矽石，由特殊的粘土和水混合後，在1100℃度高溫下燒製而成，呈紅褐色粗細不同的膨鬆石礫狀產品，園藝界算是被廣泛使用的材料，是非常受歡迎的介質。具有許多的氣孔能夠保有空氣，外型呈不規則橢圓，質地堅硬不易粉碎，長久使用不變質、不變形，價格便宜好取得。

煉石也有大中小三種規格，盆子小使用小煉石即可，其實這個就可以看個人喜好使用，效果都一樣，目前市面上的煉石包裝種類很多，沒有雷區，哪種規格和容量你適合使用方便購買就可以。

火山石

這是我種植約一年多開始新加入的介質，因為鐵與微量元素對玫瑰來說很重要，我所使用的介質中大部分都沒有任何肥份，自然會很依賴化學肥料的補充，但很多微量元素其實純天然的介質裡含量就很豐富（比如養玫人人聞之變色的田土，陽明山土，火山石，蛭石，珍珠岩等），因此我試著加入火山石。

火山石因為是天然形成，所以顆粒大小不一，市面上的火山石商品都有對其顆粒進行分類，這部分也是你自己用的習慣上手就好，沒有一定要哪一種尺寸才好用。

白火山石

又稱浮石，可浮於水面，在各種火山石系列中，白火山石是質地最輕的一種，傑達園藝進口的義大利玫瑰專用土，裡面就含有白火山石，當初就是因為買了傑達園藝的玫瑰專用土，才因此產生了在自己玫瑰配土中加入火山石的想法。

白火山石

傑達園藝棋盤花園-義大利玫瑰專用土（70公升）

紅火山石

在三種最常見的火山石產品中，密度重量介於白、黑之間，含鐵量也非常豐富，且含氧量高，與黑火山石一樣硬度極高不容易崩壞，白火山石就不一定，因密度低質地輕有時候會因為重壓粉碎，所以想來想去我還是選紅火山石，用到目前感覺也很好，因此一直將紅火山石固定加入介質中使用。

目前各式火山石因為國內家庭種植的興起，加上它原本就常常被拿來當水族箱的底石，所以選擇多樣品種齊全，購買途徑也很方便，蝦皮通常大部分的介質都可以買的到，價格部份我覺得不貴，因為在介質調配中大概放個 5 至 10% 吧，所以用量也很省。

黑火山石

　　密度較高，比重最重，含鐵量豐富，也因為質地最重，所以添入配土內其實稍有重量，我肌肉不發達，肥肉比較多，因此想想還是放棄。但種樹玫怕盆栽不夠穩的話，可以適當加入黑火山石，增加重量又含有豐富的微量元素，有益無害。黑火山石不見得是純黑色，也有可能偏灰或偏深褐色。

珍珠岩

　　又稱珍珠石，是一種火山噴發熔岩，由於噴發後急速冷卻，形成球粒狀玻璃質岩石，縫隙猶如珍珠的結構，所以被命名為珍珠岩。不過由於它太輕了，輕到風吹就會到處飛，後來使用的沃鬆一號裡面就加了很多珍珠岩，所以我就省得再另外添加啦！

赤玉土

赤玉土是火山灰沉積而成的泥土用高溫 250 度燒製而成，主要出產國是日本，目前台灣現有的玫瑰栽培書大多來自日本，在日本種植玫瑰介質一直以主推赤玉土為主，那是因為日本是赤玉土的原產地，取得相對便宜且簡單。

所以在台灣有一些迷思，認為玫瑰就是要用赤玉土才可以種得好，其實種得好不好，是看個人觀念對不對，你的觀念對用什麼都可以種出好玫瑰，跟有沒有使用某些介質沒有多大的關係。

赤玉土有分品級高的，跟次級的，這邊區分的方式是指赤玉土的硬度，品級高的硬度高，不容易崩解，可以長久維持顆粒狀，次級的結構鬆散，常常一捏就碎，也因此市售的赤玉土價格有落差，簡單說就是越貴的硬度越高，一分錢一分貨。

市售各種赤玉土

蛭石

　　為雲母礦石經高溫處理燒製而成的灰褐色具有光澤的物質，質輕且保水、排水、保肥及透氣性均佳，微酸性，因燒製過後看起來像歪歪扭扭的水蛭所以被取名蛭石，蛭石含豐富的鎂鐵鈣等中量元素，一樣是質地非常輕風吹就會飛，我的小苗用土就是採用沃鬆一號草莓土混拌 10% 左右的蛭石。

沃鬆一號草莓土（70公升）

碳化稻穀

　　稻殼（粗糠）經過 800℃ 以上碳化後，表面形成黑色光澤的碳化稻穀。稻殼中含有大量二氧化矽，是最接近大地成份的組成物，pH 值介於 8 至 9 呈現鹼性，所以調配介質時若有使用切勿超過總占比 10%。

　　有人會問，既然稻穀偏鹼，那為何要用？這是因為稻殼含可溶性矽多，可增強植物抗病性，其中矽對植物提升細胞壁的硬度，有很大的助益，有助枝條硬挺強壯，在玫瑰方面最顯著的成效就是抵禦冬天的白粉病，配土中加點碳化稻穀，幫助非常大，用的巧，它就是優點而非缺點，這也是很多有機疾病防治資材中含矽的主要原因。

田土

　　就是台灣鄉間田裡看到的黑黑塊狀的土，感覺質地很密，加水就會變爛泥巴，也就是俗稱的田土。

砂

　　又稱黑砂，粗砂，就是蓋房子會用到混拌水泥的沙子，不過砂很重，較少人拿來當介質，但其實砂是自然界相當優良的排水介質，也擁有豐富的微量元素，小盆種植盆子不會因此太重的話也可以使用，對大盆樹玫需要增加底盤重量的話也是很好的介質選擇。

沙土

　　跟砂不一樣，裡面還是含有一些些微黏土，砂則是完全顆粒狀的細小碎石，這種自然的純沙土在台灣其實很少，因此目前市售有用泥炭混細砂製成的沙土，為了栽培而應運而生很多介質，沙土雖然質地細緻但排水性仍舊很好，比重一樣是偏重，適合拿來穩下盤使用。

天然沙土

市售人工沙土

如何讓玫瑰有效的養根與長枝葉

玫瑰只有在乾的時候，才會去找水促進長根，而濕的時候，就只會猛長葉子，所以只有一直保持著乾濕循環，玫瑰的葉子和根才會日日健康成長。

我的玫瑰植株長得好，有兩大原因，一是我所在的台中，一年四季陽光充沛，再來就是我學會怎麼澆水，尤其是玫瑰需要的澆水方式。從冬冬買回來的幼苗，種到第二年，植株就差不多可以換到五加侖的盆裡。

玫瑰喜歡大量含氧的新鮮水，澆水就是要澆透

　　玫瑰的根要長得好，最需要學的就是怎麼澆水，所謂澆水十年功，很多園藝師傅的拿手功夫，就在澆水。以我澆玫瑰為例，都是用大水（瞬間大量的水）灌玫瑰，我平常的方式是用大水管在每排十幾盆的花盆間，來回灌三、四次，順便沖葉子。

　　玫瑰澆水的第一個訣竅就是大水澆灌，玫瑰的根需要呼吸，但根需要的氧是來自水中，而不是空氣中，所以我把大量的新水灌進盆土裡，讓新水去擠出舊水，把帶氧的新水灌進土裡，也就是每次的澆水，都要能讓帶有活氧的新水澆進土裡。

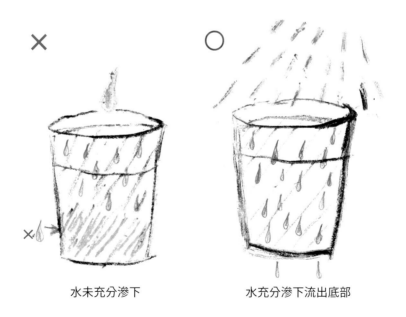

水未充分滲下　　　　　　　水充分滲下流出底部

薩菲雷托（玻璃藍寶石／莎菲）-河本純子

　　之前所提介質裡的顆粒介質，煉石或火山石之類，就是扮演製造空隙的要角，讓土壤除了保水以外，還有空隙，得以留住水中的空氣。

　　所以謹記一點：不澆則已，要澆就要全面的澆，用大水去灌，都沒有關係，前提是介質有調好。澆水時絕對不能一點點、一點點的澆，這樣會造成不是所有的土都有吸飽水，可能只有局部的土壤有吸到水，絕大部分根系所在的土壤還是乾的，這樣玫瑰會處在一種長期半渴的狀態，使得它會不敢長葉子，因為怕自己供應不了更多葉子的水分消耗。

　　玫瑰澆水的第二個訣竅和澆水時間有關，不必有夏天中午不能澆、冬天晚上不能澆的迷思，如果你夏天中午看到玫瑰彎腰、垂頭了，難道要忍到太陽下山才澆水？那玫瑰可能就跟你說掰掰嘍，澆水不用講時辰，咱們都是現代人、上班族，你怎麼方便，就怎麼澆水，對玫瑰而言，及時水比吉時水更重要。

徹底執行乾濕循環

　　玫瑰澆水的第三個訣竅，就是要徹底執行乾濕循環，因為「乾長根，濕長葉」，就是要讓玫瑰有點乾時才澆水，因為玫瑰只有在它覺得水份不太夠的時候，根系才會想伸長去找水。而濕的時候，因根系有吸收到飽飽的水，它才會放心的努力長葉子，只要一直有乾濕循環，玫瑰的葉子和根，就能平均穩定的長大。

　　所以連盆面都還感覺濕濕的，就不要澆水，等到盆面已經乾了有點發白（如果從盆面看盆土雖然有點發白，但還是看得見發白底下的土很濕，那就不用澆水，盆面乾是指從盆面看下去完全發白看不到有濕潤的介質，連用手摸都沒水分的感覺），這時就可以澆水，雖然要有乾濕，但不是指等介質完全乾掉才澆水，如果這樣，玫瑰早就死翹翹啦，所以是盆面乾就可以澆水。因為這時根系早就發現水分可能會不足以支撐接下來葉片的蒸散量，已經開始伸長去找水，所以這時候就可以澆水了。

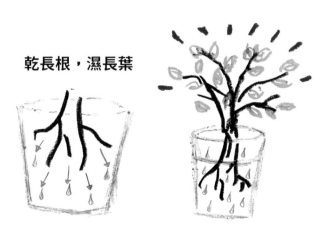

乾長根，濕長葉

冬天，可以兩、三天澆一次水，有些陽台族，冬天可以維持更久才澆水，新手主要先用盆面介質的乾濕去判斷要不要澆水，操作久了你看一眼會就知道要不要補水了。

還有，根不喜歡見光，因為根見光就會往內縮，它有避光性，根喜歡陰暗潮濕的環境，目前市面上有很多透明的盆子設計，是很方便花友觀察根系的生長狀態，但相對的，這盆花的根會縮手縮腳的不敢向四處長，一長到盆壁就會縮回去，根系不會茂盛，所以我不建議植物使用這種盆子。只有扦插期，才會需要透明盆，觀察根的長勢。

澆水也關係介質的調配，只要確保玫瑰在夏天不論怎麼淋雨，都不會爛根的，那就是好介質。當然環境如果雨季連續下雨的狀況不明顯，就不用過於著重排水，不過像宜蘭或基隆這種雨季很長的地方，介質調的排水一點絕對有益無害。對我而言，寧可讓它透水一點，可能失水，加個水盤就可以解決，也不要讓它因淋雨過久水太多而爛根，因為夏天的悶根、爛根是很難救的。如果看到玫瑰的葉脈開始發黃，就表示根出現問題，葉脈和根是相連的，是植物的血管系統，葉脈只要發黃，就表示是根出問題了。

葉子發黃有兩種，一種是從葉片開始均勻的泛黃，這表示是單純的換葉，是老葉效用變低了，植物在自然淘汰效率過低的舊葉片，屬於正常的新陳代謝。但如果看到的是葉脈開始發黃，就表示根出問題了。

打頂、摘花苞，讓玫瑰不斷抽新枝、長更多葉子

很多花友會買到只有一兩根細弱枝條的玫瑰植株，這時要怎麼辦？只有兩枝，枝條又很細像牙籤一樣的話，就表示苗很弱，換盆時你可以將植株斜著種，只有兩枝，就不要打其他主意，就是一直摘花苞，只要有花苞，就摘掉，摘到你覺得植株新長出來的枝條開始粗壯，新長出來的枝條數量足夠多為止。

想要樹冠豐滿，你就要一直摘苞、摘苞，摘到它後來真的出底部筍了，出來的筍到你想要的植株高度後，就一樣把新筍頂部摘掉，如此反覆動作到你覺得枝條的量足夠為止。

可是筍出來，也就三枝而已，你若覺得還是不夠，那第三枝出來後，還是繼續長到一定高度以後頂部摘掉，一直反覆操作到它長出來五枝、六枝，你覺得夠了，就可以停了，不用繼續摘苞打頂，任由它生長，放手讓它開花。

樹冠養得越快，葉量就會很豐滿，葉量豐滿就會直接促使下面的根系一樣豐滿，不然它無法支撐上面那麼大的水分蒸散量，所以只要維持摘苞半年到一年（看品種生長而定），就可以養出飽滿的成株，這中間就是要忍至少兩到三次想看開花的慾望，也就是至少要摘兩到三次花苞。

想要玫瑰不斷的抽枝條，必須不斷的摘頂芽、摘花苞，這是因為玫瑰有頂芽優勢（其實所有植物都有），它的養分會一直往頂部送，當你摘頂芽、摘花苞，就是在逼它的養分回流，讓養分回流到基部，當然只打一次的頂它是不會屈服的，在最頂端還是一有機會就發新芽。

這有點像在應對青春期的孩子，得跟他拉鋸幾次，直到靠近土處的地方冒出筍芽，才算成功。靠近土壤的莖部（離土 5 公分左右都算）長

出來的新芽就是基部芽，讓它有機會照到陽光，它的生長訊號就會啟動，只要養分一直回流，沒辦法上去，就會從基部萌芽。

這也是很多人會想要用壓枝的方式促發底芽的原因，因為一壓下去，除了打破原本的頂端優勢外，它的底部就會機會照到陽光，植物訊號開始傳送，芽就會開始抽出來，所以壓枝時，除了壓，還要讓它的底部盆土能照到陽光，這樣才會發新芽。

例如你現在的植株都往左側長，你想讓它右側長，那你就要轉植株的方向，讓右側底部有機會可以照到陽光，這樣沒多久右側底部就會開始出筍芽。

甜蜜四愛
切花，夏季容易休眠，怕熱，植株不高約60至70公分左右，強健度普通，種植稍有難度，但冬春時開花性極佳，花大花型美，花徑約8公分，可多頭群開，淡香，顏值破表，老花友很多知道四系列（四心、四愛、四純等），都很值得收藏，只是現在已經很少見。

　　　　　　　　　　　右圖／貝殼

病弱植株及小苗的促筍方法

1.斜著種

適用於各種小苗換盆，入新盆時將苗株傾斜種植，達到壓枝效果，自然會從基部出新筍，是最方便簡單的壓枝法。

2.壓枝

適用於枝條已經比較長，數量也比較多（2根以上）的幼苗，或是成株但過於病弱，只有枝條但葉子沒幾片的情況下，可將枝條外彎並用瓜果夾固定在盆邊（任何可以將折彎枝條固定的方式皆可）。

注意：此法不適用枝條還很柔軟，尚未硬化的幼苗株，請等枝條硬化彈性足夠的時候再操作。

3.盆子斜放

　　有些品種的枝條非常硬直，彈性不佳，就不適用壓枝法，或是植株徒長枝條很長，中下段葉子卻沒幾片，用壓枝法四周空間比較不足的話，可以直接將盆子斜放，底部用東西墊高即可，角度高的那邊一定要面向光照，這樣也可以達到類似壓枝的方法，讓植株基部受光出筍。

ROCK

4.撚枝法

　　此法適用植株已經較為強壯，葉片夠多的情況，或是上敘枝條硬直不易壓枝的品種，成株中下部葉片不足的也可使用此法，將莖部折彎但不折斷，不需要藉由外力固定便可讓撚枝自然下垂打破頂端優勢促發新筍。

注意：此法不適用枝條還很柔軟，尚未硬化的幼苗株，請等枝條硬化、彈性足夠的時候再操作。

苔絲狄孟娜-大衛奧斯汀，齊頭剪完後枝條頂部會差不多在同一個平面，也會同時結花苞，花開的時間才會同步，達到群開的效果。

花後修剪的重點

開花完以後要注意花後修剪的時機，這才是下一波花會不會一起開放，花量會不會多的主因，新手只要先學會花後修剪就好。

花後修剪的重點是，等這一波花全部開完後，再一起剪掉，不管是不是還有剩下的花苞未開，還是有花朵正在盛放，一樣全部剪掉而且全部剪到同一個高度。

千萬不要第一朵開完，就先剪第一朵，第二朵開完再剪第二朵，那你的花就永遠都是接力賽的開，不會開成一片。

像剪頭髮一樣，剪的長度都在同一個水平線，未來頭髮長起來時，長度才會一樣。等花苞全部開完，再一起修剪，下次你就有至少四五六朵同時開的花可以看了。

出強筍、換大盆時的注意事項

　　很多花友買回來的花苗，會出現一邊是幾枝矮小的細弱枝，另一邊則是長出一枝強筍的情況，這時要麼處理強筍？我的建議是就先看它開花，因為強筍的花一定是最大朵最標準的，不看白不看，等花開完後，再將強筍剪去三分之一長度（甚至剪到一半長度也可以），接著開啟虎爸虎媽的摘頂芽模式，逼迫強筍的養分持續回流，這樣植株才不會一邊過於強勢一直搶走另一邊的養分，造成弱的越來越弱，這時可以繼續按照前面的打頂摘芯促底芽的方式操作，直到枝條足夠。

頂芽，指枝條最頂部新生的嫩芽葉，組織柔軟可直接用手摘除，像採茶那樣。

摘芯摘苞或摘頂芽：摘去玫瑰新生的嫩芽葉以及花苞，抑制玫瑰往上生長。

萬葉，稍有年紀的日系美花，京城玫瑰園的作品，植株矮小適合陽台，開花性極佳，長勢也不會太差，我最喜歡它花瓣多變的色澤，從黃到粉都有開出來過，觀賞性很高，常常覺得它看起來就像一幅水彩畫一樣，非常好看。

　　至於換盆的時間，最重要看的是溫度，一般是從晚秋到冬天、初春，平均溫度在三十度以下，換盆操作應該都沒問題，風險最低。溫度高也不是不能換盆，只是悶根風險大增，氣溫高時換盆後，盡量先放陰涼處兩個禮拜，不要直接大太陽曝曬，這期間注意不要過度淋雨（超過一兩天持續下雨的話就要避雨）。

如果不想一直換大盆，那麼可以脫盆把玫瑰的舊盆土外圍剝掉一層，接著修掉外圍一層的根系，最後再放入原盆中，並添補一些新土，這樣就可以不換大盆，又可以讓玫瑰持續成長的方法，不過這個方法真的就僅限冬天的時候可以這樣操作，天氣熱的時候絕對不可以這樣亂玩。

盆栽養玫瑰，記得每半年灑有機肥，添加地利

很多花友是用盆栽方式種玫瑰，因為我是盆栽和地栽同時進行，所以深知盆子裡的土和養分都是有限的，所以，建議每年一定要幫盆土存進些錢，讓土地存摺好看些，玫瑰才會種得好，你也開心。

例如我會半年最久也不超過一年就下一次有機肥（這已經是很懶惰的下法，盆數較少的花友可以兩到三個月就幫盆植玫瑰補充一些有機肥，每盆的分量大概手抓一把就可以，盆子較大超過 8 寸可以手抓兩把份量），有機肥中的有機質有助於土壤活化、疏鬆，讓土壤不會板結，有機肥都含有豐富的有機質，而有機質除了活化土壤以外，有機質中的碳水化合物其實就是土裡益生菌的食物，其實對玫瑰來說，有機肥的肥份稀少，並不足以供給玫瑰一年四季長時間不停開花所需的能量。

但我還是鼓勵花友下有機肥的原因，就是餵養土裡的益菌，因盆土是一個封閉的小空間，盆內的益菌無法自行尋找食物，所以我們就必須適時幫盆土補充有機質，讓益菌有食物來源，他們就會在盆土中生生不息，守護我們的玫瑰。

我個人使用的有機肥是綠力肥（國鼎肥料），日本肥，一包20公斤，價格較一般市面上的有機肥便宜許多，重點是好用不臭，很多有機肥的味道很重，放盆面時需要覆點土才不至於整個環境充滿臭味，綠力肥沒有這個困擾，老闆也非常親切，不過如果種植量少的，以你方便取得的的其他品牌各種小包裝購買就可以，用量稍大的就可以考慮這款。

很多前輩在用的微新66，也是只有20公斤裝

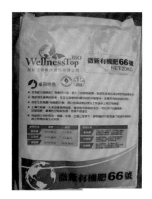

市面上其他小包裝有機肥

我將蚯蚓土歸類在有機肥中，而不是保水介質中，因為蚯蚓土是糞便類有機肥，動物糞便製成的有機肥肥份很足，我有客人把它拿來直接種玫瑰花，結果因太肥而燒根，所以我是比較建議把蚯蚓土當盆面有機肥或換盆時的底肥使用，由於是糞便類的有機肥，在溫度較高的季節時，就放盆面，不要離植株太近，盡量放在盆土邊緣遠離根的地方比較安全，肥份比一般植物製成的有機肥高，天氣熱時（超過攝式 30 度）用量可減少到 2/3 把就可以。

　　如果不確定你的盆土中是否含有益菌（我們目前大量使用的各種玫瑰配土介質很多都經過高溫處理，屬於無菌的狀態），那麼市面上所謂的「液體肥料」，簡稱液肥，就是植物的益菌優酪乳。

　　使用液肥要的也不是它的肥份，而是其中豐富的益菌叢，所以玫瑰盆栽可以使用液肥稀釋灌根，灌入益菌強化植株，要不要每週都灌？我覺得不必，只要有按時補充有機肥，土裡的益菌有食物可以吃，自然會生生不息的繁衍。

　　建議可以每半年灌一次液肥，2 至 3 個左右放一次有機肥，如此玫瑰就會很健康，只要用對方法，養玫瑰其實不會累。

蚯蚓土

市面上常見的液肥

谷特菌液肥

吾心佳人，日系

有機肥就像人類腸道中的益生菌

台灣雨水多，雨水是微酸性，土地較不會鹼化（雨水少的地方土壤才會偏鹼），但因盆栽都束在盆子裡，而且都是用自來水澆，自來水偏鹼含氯，又得施用化學肥肥份才夠。然而長期施用化學肥料會導致土地鹽鹼化，所以需要另加有機肥。

我認識的有些花友是每一年的冬天就在盆土上鋪滿兩公分厚的有機肥，主要作用是改善、代謝土壤有毒物質和活化土壤。有機肥含有機質，可以分解植株代謝不掉的鹽基、化學殘留物，中和酸鹼值，保持介質土壤健康，加上益菌努力工作，介質才會一直保持活性，所以善用有機肥，善用益菌，玫瑰會更強壯。

種兩年左右，土裡的營養都被消耗殆盡毫無生機，這時建議要重新翻盆去掉舊土，填入新土，玫瑰才會繼續活躍生長，不過如果有照我的建議乖乖養菌給有機肥，益菌們有好好努力工作的話，就不太需要換盆，除非已經長得過大根系過滿，才建議換盆或選擇修根去土再放入原盆。

維薩里

大灌木,非常適合地植的品
種,冬天花型神似藍月石,
但強健度跟長勢比藍月石強
很多,超車藍月石好幾個紅
綠燈。

櫻花公主

只有可愛可以形容,矮叢豐
花,無香,但開花性佳,植
株強健好照顧,光聽名字就
是可以娶進門的好孩子,日
系血統。

甜蜜邂逅

豐花常開，耐熱性佳，無香。花
色非常多變，植株高度不高，非
常適合陽台族，小缺點是抗病性
普通，需噴藥葉片才會漂亮，但
仍不掩它是一款好花。

夢之蕾

是夢之燈的芽變，開花性也是超
好，淡香。溫度低的時候花朵超
大，白胖胖的包子，非常討人喜
歡，整體上算強健，對黑斑的抗
性差一點。

德賽托

像超胖的紫色高麗菜，冬天的花
苞就跟一個拳頭一樣大，很經典
的荷蘭切花，無香。

海洋之歌

老切花，偏藍紫，日本叫這種紫
「藤色」，像紫藤一樣的顏色，
開花性極佳，無香，植株非常強
健，重點是幾近無刺，花朵挺立
持久，是很乖的玫瑰。

甜蜜凱莉

較早期的切花品種，開花性極
佳，中小輪可愛型的，無香，屬
於清新可愛的那一派。

咖啡拿鐵

荷蘭切花 VIP ROSE 生產品種，
顏值極高，生長緩慢照顧上有難
度，夏季天熱容易休眠，但這也
曾是被追捧過的美花之一。

阿斯科特

切花，開花性很好，花硬挺
持久，花色有點復古紫，不
張揚，遠看一叢花間一定看
得到它。顏色典雅不俗豔，
無香，非常好養。

會修剪，玫瑰才會年年持續強壯

玫瑰就是靠不斷替換枝條而存活的植物，修剪最主要目的，就是修剪掉老枝條，用新枝條替換舊枝條，玫瑰才會維持高活性的長勢，明年比今年更強壯。

你有沒有發現，只要有人 po 花量很多的花照時，大家都會問：「請問你是用什麼肥料？花才會開這麼多？」一看到別人種得好，第一個都是先問肥料，似乎花長得好必定是有特殊秘訣的肥料。我的回答則是：「花會開，都不是全靠肥料，主要是靠修剪，還有足夠的日照時數。」

玫瑰老手們大都會在冬天強剪玫瑰的枝條，這是為了讓來年春天時，玫瑰可以重新開枝展葉，開花，至於為什麼要修剪成同一個高度，好像齊流海，這是因為修剪後玫瑰的枝條盡量要同一個高度，新芽同步萌發生長，這樣剪，是為了讓所有枝條都平均受光，玫瑰的植株株型才會圓潤、飽滿。

甜蜜邂逅，齊頭剪，花也會同時開。

紅色山丘，開花都會在同一個高度，也會同時開。

巧克力奇諾-切花

新手可以保守的剪,不要操之過急

新手如果是在秋天入手六寸玫瑰植株,在冬天時,只要懂得輕剪就好;如果不會分辨花下三片葉、或花下五片葉,沒關係,只要看總植株的高度,最多剪掉總植株總高度的三分之一,留下三分之二的植株,就可以了。

如果不剪,很容易形成一枝獨秀,春天時容易有一枝強筍直直長上去,株型就會很不平均,而且會讓玫瑰將所有養分灌注給強勢的筍,造成其他枝條越來越弱,所以懂得修剪,除了保持株型的平均以外,主要是要促進玫瑰的頂部養分回流,讓底部長枝條。

紫之園，從小苗就一直
摘苞，才能促發夠多的
底部筍芽長出來，讓株
型逐漸飽滿。

　　要特別提醒的是，上面所說的剪法，是針對一年以上的成株而言。
如果手上的是玫瑰小苗（2寸至3.5寸像牙籤枝條），那就以留最多葉子
為主，連盲芽都要留，弱幼苗期的階段不需要修剪，只可以摘花苞，切
勿操之過急。

　　等扶壯到一定的階段，例如已經有木質化的枝條形成，枝條數量有2
至3枝左右，這時可以算它的青少年時期，此時除了摘苞，也可以摘頂
芽促發底部新筍。

　　看到這裡，我想讀者應該已經了解，種植玫瑰最重要的技能，一是
懂得介質的調配，二是會澆水，三是會修剪，因為第一、第二是基本功，
第三修剪是為了花量的展現，第四才是肥料。

　　介質調對、調好，在各個季節照顧玫瑰，都會顯得輕鬆，就算淋好
幾天的雨，玫瑰都不會死掉。再來就是澆水，有一直把含氧的水澆進土
裡，玫瑰的根部有辦法呼吸，上面的枝條、葉子自然就長得很好，把植
株養壯了，再來就是要學會修剪。

一年以上健康成株的修剪方式

1/3：全年花後都可進行的簡單修剪，簡稱「輕剪」。
1/2：季節涼爽（日平均溫度約攝氏25度左右）。即可剪掉總體株高的一半，即所謂「中剪」。
2/3以上：年度裡最寒冷的時間點（在台灣約落在1月底2月初），就可以進行強剪（大剪），讓玫瑰植株重新生長恢復活性，亦能矮化植株高度和增加冠幅及來春花量，這也是國外冬季灌木玫瑰必要操作。

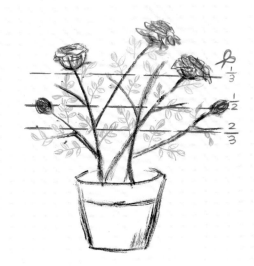

操作重點

1. 三種剪枝模式不論上頭的花開到何種程度，甚至只是花苞或嫩芽，都一律剪除。

2. 此時若有盲枝，交叉枝，病弱老枝都要全部修剪掉。

3. 植株底部接近盆土處約5公分的空間盡量保持淨空，摘除此處的所有葉片。保持植株底部通風良好，避免滋生黑斑及紅蜘蛛。

4. 健康成株修剪後的葉子不多是必然的，由於植株已經夠成熟有營養根，只要修剪後給予適當的肥份，玫瑰仍然會健康活躍的抽芽成長。

註： 修剪高度可以照個人習慣進行，不一定得要剪到某種高度，希望讀者學會修剪以後能自行斟酌，每種品種的修剪方式不一定都如此，需要仔細觀察自己所種品種的特性，再來決定如何修剪才是正確。

修剪也要看品種，伊芙永遠只能花下剪

　　修剪，有時也要看品種，如果是長得很慢很慢的品種，那就只要修剪花以下的兩、三片葉子，也就是花下三公分、花下五公分，剪掉就好了，要保留玫瑰越多葉片越好，因為有些品種就是葉子很小片，或是葉子長起來很零星，不會有很茂盛的葉片量，這就算是比較弱勢的品種，它相對可以行光合作用的葉片量很少，所以就要輕剪，例如加百列、路西法、伊芙直系血統的那幾位貴族小姐等，因為它的葉片尖尖細細，像竹葉一樣，葉片量也不多，所以我都會盡量保留它的葉子。

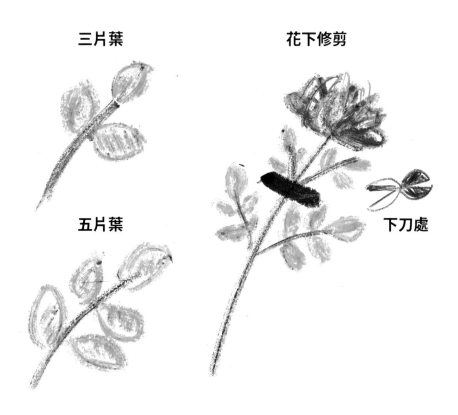

三片葉

五片葉

花下修剪

下刀處

伊芙幻夢，直系伊芙中最好認的就是這個葉子。

　　因為伊芙只在冬天跟春天生長，夏天和秋天時，幾乎一整個伊芙系列都是呈現休眠狀態，所以我在冬天和春天都保持輕剪，只剪花下，最多剪到總植株高度的四分之一，盡量保留越多葉片讓它度夏。因為伊芙在夏天容易休眠，它的整個機制是停止的，但又要忍受濕熱，抗病性不好很容易得黑斑病，若葉子掉光，它有很大的機會就掛了。所以對於伊芙，我不管是哪個季節，除了花剪掉，狠一點頂多剪到總植株高度的四分之一，就不會再多剪了。

一年以上的強勢品種，就可以強剪

　　長到一年之後的玫瑰，例如甜月、念念、凱莉、羅絲琳等長勢強的品種，就可以進行強剪，因為玫瑰就是靠不斷替換枝條而存活的植物。修剪的最主要目的，就是去掉那些老弱病枝，已經有點黃化的枝條，枝條活性已經很低，不太會長出葉子，發新芽，開花機率也不高，葉子顯得零零星星，這個就可以修剪掉。

　　枝條大概兩年左右就會老化，主枝老化也需要新的主枝來替代，還有那些過於纖細的枝條，越細弱的枝條開的花也會越小越不標準，這個也是需要修剪的，再來就是盲枝，通常長在植株內側，因為向內長光照被葉子擋到，這種枝條通常不會再繼續生長也不會開花，留著它也只是虛耗玫瑰的養份，果斷剪掉，還有就是枝條互相交叉生長的，這種留著會造成株型越來越雜亂，修剪不易，以後也很容易變盲枝，擇一（較細弱或活性較差的那枝）剪掉。　像以上這種的枝條是整枝剪掉，盲芽也記得要一起去掉，先藉此把植株老弱病枝稍作整理，讓植株看起來清爽一點，接著再來處理要保留的枝條做齊瀏海修剪。

這就是老化的枝條，黃化，長不出葉子，也沒什麼芽點。

活性高的年輕枝條，枝條表皮鮮綠平整。

細弱枝，通常長在植株底部內側，陽光比較照不到的地方。而樹冠豐滿葉子很密集的玫瑰株，靠近頂端內側也會出現細弱枝。

盲枝（一樣會出現在植株內側受不到光照的地方），枝條頂部的芽點會黑掉壞死，不會再繼續生長。

盲芽，一樣是芽點黑掉，不會再繼續生長，發生的原理和盲枝、細弱枝的原因相同。

盲芽就是像一堆小草叢，不會再有嫩葉，也不會再生長，更別談開花。所以，在修剪的過程中，若看到盲芽一定要剪掉，養分才會集中供給給有生長開花能力的枝條。

交叉、盲枝、老弱病枝的修剪方式

1.交叉枝

　　會互相打架的枝條就可以稱為交叉枝，需要剪除的交叉枝大部分分布在植株內側，太多交叉枝除了造成株型雜亂，修剪不易以外，也容易導致植株內部葉片過多，陽光無法穿透而產生各種盲芽盲枝，密集的枝葉也會變成黑斑與紅蜘蛛的溫床而不易察覺，所以遇到有交叉枝的狀況，請擇一修剪掉，此時可選擇較細弱的枝條剪除。

2.老枝

莖部明顯黃化，葉片稀疏，芽點稀少，看起來就是活性不佳的樣子，這種枝條就是會拖累整體植株活性的老化枝（與木質化的枝條不同，要仔細分辨），遇到這種枝條就算它的頂部還在發芽，也建議盡量全枝剪除，老化枝條消耗的養分比它製造的養分還多，久留對植株沒有好處。

3.病弱枝

植株上常常會有那種細軟到比牙籤還細的小枝條，雖然它正常生長沒有盲掉，活性也還可以，但這種枝條開出來的花一定又小又不標準，沒有什麼觀賞價值，也會增加枝條的複雜與密集度，導致植株不通風不透光，增加生病的機率，所以建議剪除，讓養分集中供給粗壯健康的枝條。

4.盲枝盲芽

由於上述所提到的原因而產生的枝條與葉片，因無法接收到陽光而讓植株停止供應養分所產生的枝葉，通常發生在植株內側與植株底部，除了消耗養分外無法繼續生長，因此建議修剪時看到要一併去除。

注意：健康植株發生盲芽盲枝的原因，是因為無法行光合作用而被植株本身放棄，病弱株及小苗產生盲芽盲枝的原因則是因為植株本身養分不足，長不出葉子來，因此盲掉，所以為什麼一個要剪一個要保留的原因在此，讓幼弱苗及病弱株多一塊太陽能板行光合作用對它一定有用，與健康成株的修剪思維大大不同。

2月底大剪，4月就長出很多長枝條的羅絲琳。

春冬銀紫色包子型花朵，非常可愛的羅絲琳。

　　一般情況，如果是六寸以上的植株，或已經養了一年的玫瑰成株，基本上都有營養根（除非這期間一直被不當養護，植株長期處於葉片量過少苟延殘喘的狀態），玫瑰底部的營養根有儲存營養的功能，所以經過大剪後，玫瑰還存有養分，再加上大量肥份的補充加成，就可以往上衝，生長旺盛。

　　台灣沒國外那麼冷，不會低於零度甚至下雪，所以，我們通常是在一月底，二月初，快接近春天時，才會大剪，蔓玫的脫葉牽引也是要在這時操作，今年的蔓玫我是過年時才拉枝條，因為天氣不夠冷，以前我大概一月底就會拉了，今年就延到二月中才做，就是因為要看氣溫，要夠冷時，才拉枝條，花期要讓它盡量落在 3 至 4 月左右，晚一點脫葉牽引或大剪也不是不可以，只是再晚花期就很容易遇到梅雨季，好不容易長起來花開了，結果被雨打得稀稀落落，會很氣餒的。

蔬菜，是一款很特別的切花，長得跟假花沒兩樣，名字也很符合，花朵很大，沒香味，但就是很特別，喜歡奇花異草的讀者可以蒐集一下，不難種，夏天花芯還會炸出大把鼻毛給你看，真的是醜破天際。

　　也許有人會問那早一點做可以嗎？可以啊！但是要記住，對玫瑰而言，以一年四季來說，春天才是它會最茂盛生長、奮力開花的那個季節，就如同每種蔬果都有它的產季，只有在那個季節，才會盛產，水果也才會最甜最好吃，其他季節當然也還是會產果，但就是沒有順應時節的果實好吃香甜。

　　所以四季裡的玫瑰，不管怎麼開，永遠都是春天那一批的最美、花量最多、最標準，避開鄰近梅雨季的五月，在台灣你絕對不能錯過玫瑰三、四月的花期（因此在台北玫瑰園，玫瑰季都會在三月開始）。

　　由於這個原因，我才建議不要過早大剪也不要過早脫葉牽引，大概一月底準備過年時再操作即可。

　　蔓玫通常需要養個一年多，兩年左右，才有營養根，枝條的數量也會比較多，夠粗夠長，每年的晚冬就可以擼葉，為什麼要擼葉？是為了讓蔓玫的腋芽芽點全部露出來，一起受到光照，然後才會同時間生長、同時開花（原理跟灌木型的玫瑰做大剪或齊瀏海修剪是一樣的），你必須同步處理，才有辦法爆成一片花牆，而不是零零星星幾朵花掛在牆上，但是要注意不能太早擼，因為台灣的冬天對玫瑰而言還是生長季節，你一擼，它就立刻長葉子了。

小苗及病弱枝的修剪方式

1. 一年以下幼株，修剪時以紫線（三片葉以下，五片葉以上）做修剪基準，不分季節全年按此操作，保留最多葉片行光合作用才能盡快壯大植株。
2. 當超過一年的成株長勢過差，植株衰弱的情況下，（枝條只有兩三根，葉子零星），一樣依照此法修剪即可。

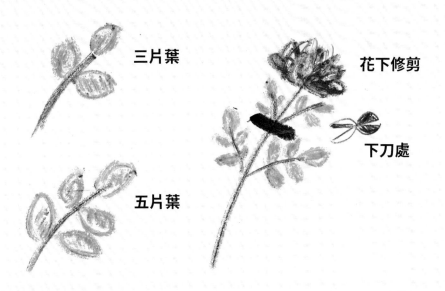

三片葉

花下修剪

下刀處

五片葉

注意要點

此時不論植株上是否有弱枝盲枝，只要枝上的葉片是可以行光合作用的健康葉片的話，一樣盡量保留，在這個時期，每一片能利用的葉子對玫瑰來說都很重要。

天氣還熱就強剪，副作用很大，玫瑰可能掛掉

　　所有養玫瑰的人都要注意，如果你在台灣還很熱的秋分，就把葉子很茂盛的玫瑰植株，跟著國外的視頻修剪（秋剪，大陸也叫中剪），剪掉二分之一或三分之二，葉子留不到原本的一半，就算還是正常澆水，那它原本的根系是供應整體植株（例如十片葉子），但你剪掉一半或三分之二，剩下五或三片葉子，如此一來，這株玫瑰底下的根顯得過多了，會上下不平衡，太陽一照，水沒有辦法立刻蒸散掉，就有可能悶根，因為這時的玫瑰還處於夏天溫度下大量蒸散水分的狀態，但它又沒有足夠多的葉片去這麼做，就很危險，再加上這時的溫度還在 30 幾度上下，玫瑰沒有足夠多的葉子幫自己遮陰，它除了還在對抗秋老虎這個大魔王外，還要花精力再去重新長葉長枝，真的很容易會因此將養分消耗殆盡虛弱至死。

　　另外，剪得太早的話，也容易出現傷流的狀況，就是玫瑰的根系本已經習慣供應這麼多葉子，但忽然被剪掉一大半，需要水份的葉子少了大半，但植物的根系一下子適應不過來，還是持續往上供應，那多出來的水分，就會往你剪完的莖的傷口處流出水來，成為傷流。

　　因為傷流持續會有水分在修剪產生的傷口上面，如果天氣還很熱的話，傷口持續潮濕，就容易感染，嚴重者，會黑枝，而黑枝若沒來的及剪掉殺菌的話，感染會蔓延，玫瑰就可能掛掉了。

傷流示意圖

鳳凰（不死鳥），這是我曾經很執著猛追的一款切花玫瑰，大概三年前切花熱潮剛興起，它就是最早被拿來嫁接的鮮切花，偶爾會出現很特殊的雙捲芯。

　　國外賣的裸根苗，都是兩至三年左右的嫁接成株，在地上種兩三年，然後等玫瑰冬季休眠時挖出來，去頭去尾，只保留部分最粗壯的營養根和基部的莖，給一般園藝客人買回去種植，所以國外認定：不論蔓玫或一般灌木玫瑰，完全成熟是兩至三年（看品種）後，因為大部分玫瑰都會在三至五歲這個時期花量最大（盛年期）。在國內也是一樣，三年之後的玫瑰花量就會很可觀了。

　　而台灣賣的大部分是自根扦插苗，所以我操作蔓玫，都是養兩年，期間讓它隨便長，也不管花量，兩年之後我才會在晚冬做牽引擼葉，如果你買回去是地植，就真的可以不用理他，放養就好，但如果是種在盆裡，就要有耐心了，第一年先讓玫瑰長枝條、長葉子，努力行光合作用讓它下面的營養根先出來，期間得忍受它像瘋婆子一樣到處亂長還不能處理它，第二年才準備做擼葉牽引，不然，第一年就算你擼，因玫瑰根部的營養不足，玫瑰本身植株也不夠成熟，雖然上面同時長芽、長葉，但會因為植株還不夠穩，長出來的大部分都是盲芽，花量也稀稀落落，擼完葉就算大量給肥也一樣，這是我自己的實測。

第一年就脫葉牽引後的克莉絲蒂娜公爵夫人，花開的零零落落，很多都是盲芽，開不了花，葉子超級稀疏，一點美感都沒有。

第二年不知道在忙啥也沒有牽引蔓玫，蔓玫全部放養，第三年趁年假期間脫葉牽引給肥，所以第三年就有花牆出來了。花量、葉片量和第一年是不是差很大。

強筍的後續處理關乎玫瑰生死，眉角學起來

　　一般人對於第一次出的強筍，都不知道該如何修剪，但既然都出強筍了，就看一次花吧，因為強筍的花特別漂亮，先讓它開，它一上來一定會有好幾個花苞，中間那朵一定會先開，等它開完，剪掉，周圍的其他幾朵會一起開，你等周圍的那幾朵顯色，花苞變胖顏色也很飽滿了，就可以把這根強筍剪掉拿回家插瓶，要剪多長？看你要插多長，就剪多長。

這就是強筍。

剪完時如果強筍的高度還是很高，就開始慢慢一節一節的剪低，慢慢壓低，直到強筍的高度跟原本植株的高度差不多就可以，還是要保留一定高度的強筍與葉子行光合作用，因為強筍是整株玫瑰盡全力供給養分長出來的，所以不要一次修剪太多，尤其是強筍的枝條葉子還軟軟嫩嫩的時候，這時候強筍的嫩葉還沒辦法行光合作用，也沒辦法製造養分回饋給植株，你就把它剪掉一大截，對植株是很傷的，植株有可能會因為這樣而僵住很久不動不長，就叫僵苗，嚴重一點可能就慢慢虛弱死掉，我就有這樣過，手賤。

　　所以說要控制株型，在強筍還再長的時候，長到一定高度就要先把頂部折掉一點，不要讓它繼續長，如果發現的時候已經晚了，強筍已經長到天上去還開始結花苞了，那就先看花吧！花苞顯色花萼翻開以後，就可以剪下來插瓶。

　　強筍處理的時候要慢慢來，花剪掉插瓶後，讓營養回流，這時強筍的高端過陣子兩邊會再長出新芽，要摘掉，一直摘，一直摘，逼它養分回流，回流到底部再出其他的枝條。這時再將那枝已經可以行光合作用的強筍繼續往下修，一次修五公分，再修十公分，大概兩週修一次，分次修剪，慢慢壓低這枝強筍的高度，修剪到植株株型回復平衡。你的強筍若在右邊，你一直摘，一直摘，它就會在左邊再長一枝出來。如果不這麼做，這棵植株的左邊就會越來越弱，因為玫瑰有頂芽優勢，它的養分會全部供給最高和最強那枝。

尤麗蒂茜-木村卓功

　　等到株型平衡，它再發出來的芽，就是平均的，就不容易只發單一
強筍。你看過發強筍的過程後，下一次如果發現有單一強筍冒出時，就
要在強筍已經長到比株型低個五公分的時候，就趕快打頂，不要讓它已
經變沖天炮了，才在懊惱要怎麼把株型橋回來，會花更多時間跟精力去
處理。

　　平常就把玫瑰養得很健康的話，春天一定會衝強筍，如果我還想控
它株型的話，我就不會讓單一強筍一枝獨秀，另外，有經驗的養玫瑰人
會知道，如果養到兩、三年，玫瑰是會一次出三、四根強筍的，這時就
不用打頂，因為它們會一起長起來，開完花後我會再齊頭修剪一次。

魔幻時刻（冰上精靈），其實它原先是日本切花，只是在台灣被馴化的時間較久，已經很適應盆栽的養植方式了，矮叢豐花，是很瘋花，植株小小的一直開一直開一直開，跟海神王一樣有病，所以要幫它克制一下，摘苞摘到植株夠大棵、葉量夠多時，再給它發瘋。

新手常遇到僵苗，就是耐心對待

如何分辨玫瑰是不是一年以上的植株，你可以看植株的最底部，就是跟土接觸的莖部有沒有開始木質化、很粗，若是粗粗的，甚至有些根部頭會冒出來，很肥大，那個差不多都表示植株有一歲，如果底部上來的莖還是細細嫩嫩的，就可能連半年都沒有。

有些品種到一個新的環境換盆後，它會突然僵住一陣子，等它適應了，就會開始衝，這個過程叫服盆（適應新土），因為它要適應新的土、新的照顧方式，還有跟以前小時候完全不同的環境，它會呆一陣子，一陣子過後，就會開始長起來，而每一個品種呆的時間不一樣，通常就是不用管它，給它時間，我有遇過半年多都不動的，就活著而已，這就叫僵苗（跟前面修剪錯誤造成的僵苗一樣，就是不生長，但也沒有死）。

路西法，河本純子著名的九大天使之一，檸檬香氣比加百列更加濃郁，插一朵就可以滿室生香，種植難度比加百列高，但其實只要介質調的夠排水的話，照顧起來簡單輕鬆不少，喜歡太陽又怕熱，夏天容易休眠（跟伊芙差不多），由於太香了所以害蟲也很愛它，花瓣要開的完美無傷很難，夏天容易蟲傷曬傷水傷，冬天又容易花瓣太密打不開，要開的完美無暇，很需要天時地利人和的一品。

轉藍，這款是目前公認最藍的玫瑰，記得在雨季時，不要讓它淋太久的雨，不然很容易黑枝，轉藍沒有香味，但真的很藍，不太好養護，長得很慢。

你可以不用理它，只要確保它不死，該給的都有給，沒有對不起它，水也有控好，等它哪天突然想通，它就會長起來，所以對玫瑰真的不用太嬌養，遇到僵苗也不用太過於擔心。

Lesson **5**

玫瑰常見的病蟲害和防治方法

夏天濕熱高溫,病蟲害叢生,黑斑猖獗,常令人束手無策。
因為玫瑰全株無毒,幾乎所有蟲子都愛吃玫瑰花的葉子、
嫩芽、花苞,想種好玫瑰,就從認識病蟲害開始。

　　一般陽台玫瑰較常見的病蟲害是薊馬、葉蟎和白粉,如
果你的陽台是半開放式,會淋到雨的,或是露天盆栽,那又
不一樣,會遇到的就是殺手級的病菌:黑斑。

　　相對於黑斑,白粉對玫瑰的傷害不會很嚴重。因為白粉
跟灰黴一樣,菌根不太會深入葉子,只要讓玫瑰曬一曬太陽,
或是用一些有機的方式處理,很容易就治好了。

　　白粉或灰黴不會讓玫瑰掉葉,發生也都在冬春,玫瑰的
活性較好抵抗力也高;但是黑斑最致命的是會讓玫瑰落葉,
而且是非常迅速的大範圍落葉,再加上好發期在夏天,台灣
夏天濕熱,植株很容易因得黑斑又沒有及時治療就變光桿珊
瑚枝,也是導致玫瑰很容易在夏天死亡的原因。

黑斑病

白粉病

薩莎天使-日系切花，大輪叢開強香，怕熱，種植有難度。

葉蟎危害及防治

　　陽台族最困擾的就是葉蟎（俗稱紅蜘蛛，因為它們在顯微鏡下看起來就像是紅色的小蜘蛛）和白粉，所以如果是內縮式的陽台，遮陰較多，通風不佳，加上日照偏少，以及不方便洗葉子或肆意沖水，紅蜘蛛就會很嚴重。

◎葉蟎危害

　　葉蟎是一年四季都會有的，葉蟎的用藥有分卵和成蟲，且因它是昆蟲，較容易有抗病性，所以藥要輪著用，等於卵的用藥要有三種，成蟲的用藥也要有三種，輪著用，要常備六種藥，很複雜。

葉蟎通常附著在葉背和葉片密集度高的位置，它會吸食葉子的葉綠素，讓葉子看起來有很多細小的白點點，葉蟎喜歡吸食成熟的綠葉，如果在玫瑰的植株底部比較不通風，靠近盆土地方，若沒有進行疏葉處理，就很容易從這裡開始長葉蟎。

葉蟎（紅蜘蛛）導致的症狀。

🌹 葉蟎防治

　　對於陽台族防葉蟎，我較推薦的是用彩葉油，效果最佳，而且彩葉油對薊馬也有效，但彩葉油很貴，貴是因它是日本用特殊技術製作，它的油分子非常細緻，可以讓很細小的昆蟲直接堵住呼吸而死亡，由於是採物理性的悶殺方式，所以不會有抗藥性。

　　五百公升兩萬四千元，所以很多人是用團購的方式，由一人買回後，再分裝分售小瓶給其他人，稀釋比例 1:2000，不過彩葉油由於是有機的殺蟲方法，所以每週都要找一天噴，主要也是噴葉背，可以的話連盆面都噴一下。

水1L

比例1:250

葵4c.c

shake

市售的彩葉油都是五百公升，且售價昂貴，建議散戶可以加入團購。圖片提供／愛禮花卉

葵無露只要保存得宜（放在陰涼處），自製一次使用一年都沒問題。跟哈柏油一樣，天氣熱時濃度要降低，不然葉子被太陽一曬，就會曬成傷。

　　第二個選擇是用哈柏油，300ml 小瓶裝，一瓶 250 元，是便宜版本的彩葉油，效力就沒有彩葉油那麼好，對薊馬也沒什麼效果，單純用在對付葉蟎。

　　只要是有機防治的資材，就一定要勤噴，所以哈柏油也是建議一週一次，葉背一定要噴到。不過哈柏油對粉介殼蟲也是有效，家裡有粉介殼蟲的問題也可以使用這個，稀釋比例 200 至 400 倍，夏天天熱油會吸熱，建議用 400 倍，天氣涼爽就可以用到 200 倍。哈柏油是一樣是油類，所以不要在大太陽底下噴，盡量選擇傍晚或早晨時噴藥。

　　有人會自製葵無露，就是自製的簡易版哈柏油，以洗碗精一等分、葵花油九等分（換成其他玄米、橄欖油都可以，但葵花油最便宜），放進小寶特瓶裡，充分混在一起，然後將混合的溶液稀釋1：250 至 500 噴灑葉面和葉背，不要噴盆土，因為有洗碗精成分，這樣在葉子上就會形

成一層油膜保護，在葉子上的葉蟎也會因為被油膜包覆窒息死亡，但葉蟎會隨著風移動，所以還是盡量定期噴，跟哈柏油一樣，對白粉也有效，因為它可以封住孢子，不讓孢子擴散。

另一個防治法，我的建議是盆土以上 5 公分的葉子盡量拔除，因為這個地方其實照不太到陽光，葉子在此行光合作用的效率低落，除掉此處所有葉子，有助通風，就減少葉蟎出現的機會，而且因為這個位置是最接近盆土的地方，最潮濕陰涼，所以不只葉蟎，黑斑也會從這個地方的老葉開始往上蔓延。

5公分

玫瑰的盆土，從底部以上5公分內盡量保持淨空，除了預防病蟲害外，也讓底部的筍芽有機會因照到陽光進而出筍。

薊馬危害及防治

◎ 薊馬危害

　　薊馬分兩種，一種是吸食花苞的花馬，如果你抖一抖花苞，會看到從花苞中跑出來黑色小小、細細的像芝麻一樣的東西，那就是花馬，它會造成花瓣周圍淺褐色的焦枯現象，有點像水傷的痕跡，越香的花，越會有，讓花開得不漂亮。

　　另一種是吸食葉子，叫葉馬，是黃色的，它會讓新芽變得焦曲捲枯，新葉展不開，新芽長到一半就不會繼續再長，造成新芽萎縮，頂端會好像被燒到，一直被弄焦，這樣玫瑰會持續消耗營養長新芽，可是又長不出來，嚴重的話，是連花苞都開不起來，危害很大。

花瓣上黑黑的小芝麻點就是花薊馬，被花薊馬吸食過的花瓣尖端邊緣會呈現褐色。

遭葉馬危害的玫瑰葉樣子。

◎薊馬防治

殺薊馬最好用的新藥：賽安勃

因為薊馬會飛會跳，像跳蚤，一般市面上的薊馬藥，都是採用觸殺，就是要在噴灑藥劑時讓藥劑直接接觸到蟲體，才會殺死牠，如果你噴的時候牠飛走、躲在花瓣內，就無效。賽安勃的作用機制是以類似打疫苗方式，讓植物吸收後，使植株本身產生藥性，薊馬只要吸食植株就會吸入藥劑死掉。

賽安勃這種新型藥劑，只要噴灑到葉子毛細孔（位於葉背）或根部，讓植物吸收以後，整株都會有藥性，藥效會隨著時間逐漸降低，所以大約一個月噴灑一次補充藥性即可，不只防薊馬，也防各式各樣的毛毛蟲。賽安勃是低毒性的綠色農藥，毒性比家裡的殺蟲劑還要低；它是乳劑型、罐裝，大約像是小罐維他命瓶子的大小，一罐 650 元，用法是稀釋 1：3000，一公升的水，只要用 0.3 公克，一個保特瓶只要加一滴，就可以了，可與其他非鹼性的藥物或水肥混合使用，相當便利。

　　噴的時候要注意一定要噴到葉背，如果想用灌根的方式，也可以，根也能吸收，幾個小時後植株體內就有藥性了，小量種植一罐可以用半年，甚至一年，其實很省藥，而且它不會有抗藥性，對葉薊馬是絕對有效的。

　　我使用賽安勃已經兩年多，沒有換過藥，葉薊馬一直控制得很好，新芽新葉都不會焦枯捲曲，表示真的沒有出現抗藥性，賽安勃對葉薊馬效果極佳，但對花薊馬效用就沒有很大，只能抑制花馬的數量，但無法完全消滅，天氣溫暖炎熱的時候，花薊馬還是非常猖獗。

　　但我實在不喜歡瓶瓶罐罐，還要輪著用，所以只要不危害玫瑰生長，花馬吸食花瓣，我還是可以接受。如果你沒辦法忍受花馬把你的花咬得醜醜的，可以私訊植物藥菊有沒有對抗花馬的好辦法，因我在這方面實在不熟，就不特別提出來講，避免誤導或講錯，請大家見諒。

白粉危害及防治

　　白粉會生長在嫩葉或新芽花苞上，像白色細霜撒在葉子上一樣，它是一種真菌，喜歡乾、冷，不喜濕，所以濕度太高的環境反而不會出現，在台灣較常出現在冬春兩季，乾爽冷涼約 20 度左右的天氣，風會帶來它的孢子，所以在任何環境下都有可能發生，白粉怕酸、怕鹼，對付白粉可以用葵無露、哈柏油或是稀釋的白醋水、小蘇打水、洗碗精水、可樂水等，噴灑後用手搓一搓患部，讓酸鹼水能更滲透進白粉內效果更佳。

　　我認為油類的效果會更好一點，這時天氣冷涼所以葵無露哈柏油可以濃一點沒關係，陽台族對白粉的困擾比對黑斑病要多，通風良好的露天環境就比較少見到白粉的危害。

氟殺克敏是防治白粉、黑斑的通用藥。

玫瑰受白粉侵襲的症狀。

在下雨前噴藥，才能有效防黑斑

黑斑也是一種黴菌，喜歡濕、熱，所以常從盆栽近土處最潮濕悶熱的老葉中滋生，然後迅速往整棵植株蔓延（跟白粉完全相反），在台灣（亞熱帶地區）除了冬季較冷的一兩個月會短暫消失以外，幾乎全年都有機會出現黑斑（氣溫超過 25 度以上就須注意），對玫瑰可能是毀滅性的傷害，不可等閒視之。

另外雨水會帶來黑斑，雨水中除了含有大量的氮肥以外，亦含有大量的微生物，病菌或孢子等，對玫瑰來說有益但也有風險。

病害防治就是要反其道而行，你知道它喜歡乾冷，那你就製造它不喜歡的環境，例如製造濕，每天沖水、沖葉子，讓它常常濕濕的，冬天就比較不會長白粉，白粉是不會掉葉子，對植株影響不大，但不處理的話，它還是會擴散開來，可能你整個陽台玫瑰都會染上白粉，所以建議一發現有生病就要盡早處理比較好。

氟殺克敏是防治白粉、
黑斑的通用藥。

玫瑰得黑斑的症狀。

治黑斑，最好的時機是下雨前，例如氣象預告說：明天會下雨，那我今天就會噴防治藥，為什麼？因為其實黑斑的孢子本來就存在環境與空氣中，雨帶有營養、微生物，加上濕、熱，促發孢子生長起來，所以你要把那些孢子先除掉，即使雨來，也沒關係。因此最佳的噴藥時機是下雨前，只要提前做就好，先把孢子殺掉。如果來不及，今天突然下雨了，那你在下完雨的當天或第二天噴，這是第二好的時機。治黑斑的藥很多，我最常用的是腈硫克敏、氟殺克敏以及賽普護汰寧，在農會、興農或臉書粉專植物藥菊都買得到。我會常備兩到三種藥輪流噴（避免產生抗藥性）。

種玫瑰花後，我每週、每天都會看氣象報告，主要就是在看什麼時候要下雨，我會提前在下雨前噴藥，若突然下雨來不及噴，我就會在隔天補噴，不要等它發起來再噴，若看到黑斑已經開始出現，就為時已晚了，很多葉子已經染病只是還沒顯現出來而已，這時候再噴藥，通常要噴更多輪，病害才壓制得下來。

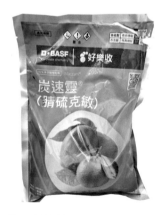

防治黑斑的用藥比較多，可以自行斟酌使用。

對付有殼昆蟲就用毒或讓益達胺麻痺它

如果你的玫瑰葉子上出現很多洞洞（然後四處找都找不到蟲），就有可能是中華褐金龜或是夜盜蟲幼蟲的傑作（若有使用賽安勃的話就不必擔心夜盜蟲幼蟲的危害）。

一般都市地區野地較少的地方，比較少見中華褐金龜等硬殼昆蟲，陽台族不必擔心，但若真的有（晚上時候到植株旁確認是否有這類昆蟲），要記住，因為牠有硬殼保護，一般藥劑噴灑方式接觸到牠的硬殼，是無法殺死牠的，只能通過牠的口鼻部窒息（用肥皂水）或採食入藥劑的方法，才能殺掉牠，用含有類尼古丁成分（昆蟲怕的是含神經素的毒素），如益達胺（就是貓狗用來除蚤的藥劑成分），農藥行都有賣。

益達胺可以殺死的昆蟲非常多，包括蜜蜂、蝴蝶、螞蟻、蚜蟲、蜘蛛、螳螂等，是很普遍的農藥，益達胺噴在植物上，對植物並沒有害處，但葉子上含有類尼古丁，昆蟲一咬，馬上麻痺。

因此我不建議用益達胺，因為它會傷到蜜蜂，益達胺對哺乳動物來說，毒性很低，但對昆蟲來說，是劇毒，使用它不僅會殺死害蟲，連帶的，所有益蟲也會受害（如草蛉，瓢蟲，蜘蛛，蜜蜂等），所以如果真要使用，我建議謹慎使用，稀釋與噴灑方式，向購買的農藥行或商家詢問即可。

我不用益達胺，就要用另一種方式，比較麻煩些，你可以自製洗碗精水，水裡滴一些洗碗精讓水會起泡的程度就可以，然後在晚上等金龜子出沒時，直接噴灑金龜子（粉介殼蟲的噴灑就不用特地晚上噴），噴完後等10 分鐘，要確保金龜子真正死掉，再用清水把植株上的洗碗精洗掉。要讓金龜子的口鼻有接觸到洗碗精水才有用，所以在金龜子很猖獗的時候，可能每晚都要出去噴一次，因為金龜子會從別的地方飛來吃玫瑰。

我發覺在特別乾旱的那年（全台大缺水分區給水的那年），金龜子特別多，有可能是因為附近稻田都休耕，金龜子沒食物了，那年真的噴的很辛苦，因為金龜子多到嚇人，幾乎要把玫瑰吃乾抹淨，感覺像蝗蟲過境一樣，一片葉子上可以有四五隻褐金龜在上面啃食，過了那一年，農地恢復耕作以後，褐金龜的數量就少了很多。晚春到初秋則是褐金龜活躍的時期，我也沒有晚上出去噴肥皂水了，還是會發現被褐金龜咬食的痕跡，但很少了，所以如果遇到乾旱，鄉下地區的花友們，要特別注意昆蟲的危害。

自製洗碗精水

🌹 發現盆土裡有雞母蟲，一定要趕快清除

雞母蟲，就是各種金龜子的幼蟲，對植物來說，只要是吃素的昆蟲，大部分都是有害的，所以金龜子和牠的幼蟲，對玫瑰而言也是大害蟲，其實在自然開放的土地環境裡，雞母蟲是個好孩子，分解落葉製造腐植質，有協助土壤疏鬆透氣的功能，跟蚯蚓的角色很像，但在盆植的封閉環境中，雞母蟲無法自由尋找食物，因此當盆土裡可食用的落葉被吃光以後，為了活下去，牠可能會開始啃食植物的根系，造成植株長勢變差，嚴重的話玫瑰可能會虛弱致死，地植的土壤環境裡有雞母蟲很正常，也不會阻礙植物生長，但盆植玫瑰發現盆土裡有雞母蟲的話，一定要趕快清除。

我知道你心裡一定會有 OS：我的盆栽是自己配土的耶，用的都是乾淨消毒過沒有蟲卵的介質，盆土裡怎麼會出現雞母蟲？上面已經說了，雞母蟲的食物是落葉類的，所以，你平常修剪完的花瓣枝條葉子，是不是都

直接丟在盆面上？或是常常往盆面裡丟一些果菜皮？這樣等於製造了一個絕佳的育兒環境，吸引金龜子來你的盆土產卵，充滿花瓣枝條殘葉的盆土，濕潤陰涼，不只金龜子媽媽，黑斑葉蟎也超級喜歡的。

所以種植玫瑰的時候，保持盆面的乾淨清潔是很重要的，不要修剪完玫瑰以後，順手就把殘枝殘葉花瓣往盆裡丟，這樣會製造黴菌跟金龜子特喜歡的環境。

換盆脫盆時，注意仔細檢查一下舊盆土有沒有雞母蟲的痕跡，如果發現有了，或懷疑別盆的盆土裡也有的話，可以使用有機資材「黑美菌」，它的作用原理是讓菌種（黑殭菌）寄生到蟲體裡，感染黑殭菌後，孢子會開始發芽變成菌絲貫穿蟲體，再利用蟲體營養繼續繁殖，最後黑殭菌會在蟲體表面產生很多孢子致其死亡。

黑美菌要用「灌根」的方式，灌進盆土裡才會有效，灌根比例照產品上的說明就可以了。黑殭菌不會影響植物，也屬於土壤益菌之一，可以放心使用。

黑美菌

灰黴危害及防治

◉灰黴危害

　　灰黴也是一種黴菌，會讓花苞變成淺褐色，從花苞就枯掉，灰黴會附著在花苞上，是因為環境太潮濕了，花瓣還未打開時，它是層層疊疊很密集又柔軟，所以當玫瑰花苞成熟時（花瓣已顯色，花托外翻，且花苞肥胖，表示這時花苞內的花瓣已分化成熟準備打開），就不要對著花苞噴水或澆水，所有養玫瑰的人都很怕花苞期遇到下雨，因為有可能會打不開，春天容易灰黴，就是因為春天雨水多（梅雨季節），春季剛好又是花季。所以，雨季時可以的話，將花苞即將成熟的玫瑰株，盡量移到雨淋不到的地方，比較不會失望。

灰黴造成的後果嚴重影響玫瑰花的顏值。

玫瑰的水傷

◎ 灰黴防治

　　為什麼會有灰黴侵襲花苞的情況？大部分是因為天氣過於潮濕，春天是玫瑰的花季，但台灣春季會有梅雨，而玫瑰花的花瓣密度比較高，又很柔軟，只要雨水進去，或是澆水時常沖水，沖到花苞的話，水都會積留在裡面，加上氣溫二十幾度，很溫和，自然而然，就會滋生黴菌，包括細菌也是蠢蠢欲動，如果不去理它，可能花苞都打不開，最後只能剪掉，灰黴比較特殊，它頂多在花苞作案，不會延伸到葉子，因為枝條和葉子大部分都有蠟質保護，灰黴這種病菌不易侵入其他地方。

　　在春天時要多注意花況，若有打不開的，就要懷疑是否有灰黴了，先把那朵打不開的花苞剪掉，再噴藥，避免孢子擴散到其他花苞上。

　　其實每一種黴菌，侵害的地方都不同，白粉比較容易侵犯新生花苞和嫩枝、嫩葉，黑斑就是從老葉開始侵襲起，不同黴菌喜歡的環境不太一樣，白粉喜歡冷涼，在樹冠頂端較乾爽，白粉就會長，而黑斑喜歡潮濕，所以容易從底部開始，但灰黴只長在花苞上。

　　有花苞的時候，我就很注意下雨資訊，盆植的花友如果方便移動，想辦法把正要開花的玫瑰移到有遮雨的地方，然後在雨前，提前整株噴氟殺克敏，預防白粉、黑斑、灰黴。

蚜蟲和螞蟻的防治，可自製洗碗精水也可買藥殺

各種吃素的昆蟲（毛蟲蚜蟲介殼蟲等）和灰黴是春天最常見、煩人的兩種病蟲害，蚜蟲喜歡附著在新長的嫩芽、花苞，我對付蚜蟲的方法，一是用水全方位的沖，尤其是新生花苞（註：蚜蟲喜歡的是新生的嫩枝與花苞，此時的花瓣未分化未顯色，沖水不會造成灰黴），然後用手去把蚜蟲搓掉，二是用洗碗精，滴幾滴，加水攪一攪，只要會起泡就好，主要是借助洗碗精的介面活性劑，噴有芽蟲的嫩芽、花苞，以此悶死蚜蟲，10 分鐘後再用清水把死蚜蟲和洗碗精水一起沖掉。

蚜蟲也是和螞蟻狼狽為奸的共生關係，除了玫瑰花株的蚜蟲要處理外，也要在螞蟻出沒的路徑上，放置殺螞蟻藥，連螞蟻一起殺死，才能根治蚜蟲的問題。若家中有小孩或寵物的，就盡量不要用粉狀或噴灑式的螞蟻藥，改用有做安全防護的家用螞蟻藥比較安全。

看到滿滿的蚜蟲，直接捏爆最簡單有效。　　發現黑枝

發現黑枝，一定要徹底剪掉

修剪的過程，一定會造成傷口，傷口若是淋雨，雨水帶菌，或是剪刀不乾淨，例如你今天有拿剪刀剪過一盆枯枝病的玫瑰，但剪後你忘了消毒，又拿著這把剪刀去剪其他的玫瑰，那枯枝的病菌就會感染到其他植株，只要有傷口，就容易有風險。

所以防治之道，就是知道明天要下雨，今天就不要剪枝，還有，也不要在植株很潮濕的時候剪枝（比如雨季或你剛幫玫瑰沖完澡），因為潮濕容易引發病菌感染，就跟人有傷口的話醫生會要你傷口盡量先不要碰水是同個道理。

枯枝，就是正常的莖部，發現它從某個局部部位不斷的擴大，可能從上往下黑，也可能從莖的基部往上黑，不斷往其他枝條蔓延，那就表示生病了，一定要剪掉，不然它會繼續蔓延，到最後整株感染死亡。

下刀的位置不是剪感染部分而已，而是要在感染的部位再往下，在還健康的部位下刀，剪完之後，先消毒，再塗傷口癒合劑，或白膠。一定要把全黑的部分全部剪除，不能留一點點的黑，否則病菌還是會持續蔓延開來，就像進行清創手術，一定要清乾淨。

關於枯枝病的消毒，目前最有效是使用銅劑，但銅劑屬鹼性，不能與其他農藥或是水肥液肥混用，必須單獨使用，另外銅劑屬於廣效性殺菌劑，毒性比較高，較封閉的養植環境（如陽台），不建議用噴灑的方式，建議戴上塑膠手套用塗抹的方式抹在傷口上消毒。

Column

這樣噴藥不會累

　　介紹完玫瑰疾病與有可能遇到的蟲害以後，接著分享如何噴藥，剛開始種玫瑰對這部份常常手足無措，希望我的建議對大家有所幫助。

　　植物用藥有分酸、鹼，及中性的藥品，包括有機資材和肥料，都可以用酸鹼度來歸類。很多人自己發酵的液肥和酵素、稀釋的白醋水，屬於酸性，而上述自製的葵無露、洗碗精水、小蘇打水、屬於鹼性，關於農藥性質的藥物，大部分都是中性。

　　很多人在剛開始接觸這些時，一定會小心翼翼，怕搞錯哪一步就會爆炸，這個仔細心態，是好的，但要掌握訣竅才不會累。

　　先提醒一個觀念：不管是藥、肥料，還是有機防治的資材，中性可以和酸性混在一起用，鹼性只能跟鹼性混用。是的，你可以依照酸鹼性分類，然後可以混在一起的，就全部混在一起，一次把要噴的藥一起噴完。

中性　　＋　　酸性　　ok

鹼性　　＋　　鹼性　　ok

例如今天我要噴黑斑藥氟殺克敏，發現嫩葉上又開始有薊馬咬痕了，所以也要再幫植株補充賽安勃，然後剛好這陣子有人送我一罐自製液肥，我的農藥肥料推車上有興農勇壯550我也想用，我的小型混藥桶是我叔叔工作用完補土的桶子，大概15公升容量，這時候就是：

賽安勃5cc（1:3000）＋氟殺克敏5cc（1:3000）＋
朋友的液肥30cc（1:500）＋勇壯10公克（1:1000）

　　全部加在一起，然後用水攪勻，均勻稀釋成15公升的藥肥，然後為了增加藥在葉片上的附著度，要在水桶裡再滴個幾滴展著劑，這樣，藥就調好了，可以開始噴藥了。

　　看懂了嗎？農藥與肥料與有機資材，是可以全部加在一起噴的，只要產品上沒有特別標註不能混噴，所有的東西都是可以一次操作一次搞定。

　　也就是說，噴藥和噴肥是可以同時一起進行，剛有說藥物絕大部分都是中性的，水溶肥也是，液肥只要有經過發酵含有益菌的，一定是酸性，藥瓶上若有標註警語，也會是：不可與鹼性溶液混用，所以絕大部分的藥與肥料都是可以混在一起用的，至於有機資材，這個部分鹼性的種類就比較多，但只要有標明是酸性的，一樣可以跟藥還有肥料加在一起噴灑。

　　所以我認為噴藥器材只要一大一小就夠了，大的用來裝藥和水肥，因為這個的用量會比較大，可能一或兩個禮拜會噴一次藥跟水肥，小的就用來裝鹼性用藥（例如我有提到消毒枯枝的銅劑），這部分不會太常使用，所以可以用小噴瓶裝就好，調好的藥肥一次沒用完怎麼辦？沒關

係，放陰涼處就可以，不會壞掉，下次要噴的時候，把舊的先用完，再調新的就可以。

可能有人有疑問，一次加這麼多東西，濃度會不會太高？是不是要把原有的份量再稀釋一點？沒有這麼麻煩，只要照指示的稀釋倍數就可以，例如賽安勃15公升的水該放5c.c就放5c.c，不會因為我有加了其他東西，就必須把賽安勃減少到3c.c，這樣稀釋的倍數就完全不一樣了，藥效也會被稀釋喔！

◎ 噴藥的容器與器材怎麼挑

種10盆跟種30、50、100盆，所需要的藥劑公升數，一定不一樣，種10盆拿個小噴瓶剛剛好，20盆再用小噴瓶噴，噴到一半，手已經有點酸，藥肥可能也會不夠，還要再補調一次，而30盆若再用小噴瓶，那麼噴完，你的手大概也半殘了。

「工欲善其事，必先利其器」，目前市面上的手動高壓噴霧瓶，最小的規格有1.25公升，再來就是1.5公升慢慢上去，我查了一下種類相當繁多，種植量小於20盆的，應該使用2公升左右這種就可以，寧可買大一點，也不要買太小，除非陽台已經塞爆，不然種植量只會變多不會變少，所以還是買大一點，才不用一直換，大一點調少一點也無所謂，都有刻度可以參考，但太小瓶是真沒辦法多調的，只能用完再調一次，很麻煩。

買手壓式的高壓噴瓶有一個重點:不要買太過便宜，瓶身太薄的，太便宜做工不好可能很快壞掉，瓶身太薄則非常危險，因為這種噴瓶的原理是手動將空氣打入瓶身之中，利用氣壓將液體噴出，因此打入的空氣越多越好噴，水分子也會比較細，但瓶身過薄，在這樣反覆打氣的過程中，很容易因承受不住高壓而爆開，飛裂的瓶身碎片是會傷人的。之前有過這樣的案例，非常危險，所以絕對不要貪便宜，盡量買大牌子有一

定質量的高壓噴霧瓶，才能保障安全，另外在使用後也記得要放氣，不要讓瓶身隨時處在高壓狀態中，也不要將瓶子用完就丟在會被太陽曝曬的地方，塑膠曬久了會脆化，同樣很危險。

噴管比較長的瓶子，可以放在地上，手拿著噴管噴，也可以揹著噴（加水以後很有重量，女孩子還是放地上就好），原理跟小公升數的噴瓶一樣，所以注意事項也相同，我因為很久沒有使用過這種噴瓶，所以也沒辦法很明確告訴大家，大概多少盆用哪一種容量，一樣是同個原則：寧願買大點也不要太小。

50盆以上，有辦法塞到這麼多，應該就是露台或頂樓了，如果是露台或頂樓，那就可以放開來噴藥噴肥，這時可以用充電式高壓洗車槍，都市陽台我比較不推薦這款，因為馬力大噴藥的範圍很遠，而且聲音不小，如果太晚噴藥肥，你可能會被鄰居投訴，且噴的範圍很遠，噴到隔壁就會被罵了。

◎ 什麼時候噴藥？多久噴一次？

跟人一樣，植物預防疾病的概念，也是預防大於治療，你平常有固定噴藥，比發病了才噴藥治療，所花的藥費與時間，會減少很多。

例如黑斑病，好發在溫暖潮濕的環境，因此在平均溫度差不多攝氏25度以上，就要開始有規律的週期噴藥（一或兩週噴一次藥），雨季時更要做，抑制環境中黑斑孢子的數量，如果做不到這樣，再懶再懶，也要在雨前或雨後選一天噴，有方便的噴藥器材，噴一次5至10分鐘完事，不會花太久的時間，但如果還是不噴，看到黑斑已經出現再來噴，這時要壓掉黑斑，可能就要花更長時間，花更多藥費，才能完全消滅黑斑。而在這段治療期間，玫瑰可能已經掉不少葉子，又逢盛夏，葉子關乎生死，所以，我真心希望大家，對付黑斑這種病害，一定要保持預防性噴藥的習慣。

銀色光芒-切花

　　不過等到氣溫開始低於25度，溫度不利於黑斑生長的時候，就可以不用一個禮拜噴一次，像我冬天是幾乎不太噴藥的，因為根本不會有黑斑，就算有下雨也是，薊馬也冷到不太會出現，這時候就放鬆很多，需要固定噴藥的時間，大概就是春天開始（薊馬蚜蟲毛毛蟲大軍會開始出現，此時要開始噴賽安勃，雨季前再加入氟殺克敏一起噴），兩種固定藥噴到晚秋，（陽台族可能冬天要注意白粉，不過白粉不會掉葉，出現的時候再治療就好），既然要種，就好好照顧它們吧，維持一個月一次賽安勃，一或兩個禮拜或雨前雨後氟殺克敏，想噴水肥或液肥就加入藥裡一起噴，然後冬天休息放假，有白粉再解決白粉就好。

如何選擇肥料和施肥

學會怎麼用肥、施肥，不僅玫瑰長得好，也不會有養玫瑰很燒錢的感覺。近三年，我試用各種肥料，從化學肥到有機肥，一年裡八種輪著用，但現在，我選擇用最簡單、省力的施肥方式。

　　自從種玫瑰後，我知道玫瑰要種得好，就是需要大水大肥。水，大概一年很快就學會如何澆水的訣竅，所以從冬冬玫瑰園買來的幼苗，養護一年後，幾乎全部都可以換進五加侖盆裡，可見學會如何澆水真的非常重要。

　　但在肥料上，我卻花了將近三年的時間才找到適合我需要的簡單方式，因為我從一盆種到後來將近五百盆，如果每一到兩週就要噴一次水肥，真的會累死，所以一直在找可以替代水肥，比較簡單的施肥方式。

　　如果你的盆數較少，也可以接受每週或兩週幫玫瑰噴灑一次水肥，那麼你繼續做下去就好了，我的方法是因為種植量大偏向懶人管理方式，並不是一定要照著做玫瑰才會長得好。

　　肥料的選擇原則，主要就是平均肥（通用肥）跟開花肥兩種，只要按照玫瑰的生長進程使用即可。

花嫁／河本純子奶奶的作品，又叫河本新娘，也是奶奶的經典之作，開花性很好，淡香，花瓣硬挺持久，波浪狀花裙真的很漂亮。

玫瑰該怎麼施肥全劇透，一次就看懂

　　我曾經試過很多種肥料，例如奧綠肥（緩釋複合肥）、易樂施水溶肥（就是大陸的花多多）、好康多（也是緩釋肥複合肥）、日本的元氣肥（非常好用的有機肥，但現在台灣已經沒有進口），20 公斤 650 元，我的盆量大且用量大，一包一下就用光了，元氣肥真的很好用，就連夏天時，玫瑰的葉子也都綠油油的，但後來因為台灣沒再進口，只好去找替代的肥料，甚至連一些冷門的牌子，我都買來用過。

　　有關肥料，首先是緩釋肥，又名控釋肥，是將高濃度化學肥料包裹在特殊的高分子外殼中，每次澆水就會適量溶出少許，而達到長期穩定供應肥分的效果。是一種化學複合肥，緩釋的意思就是肥份可以隨著時間均勻緩慢的釋放，複合的意思就是各種肥料成分通通包在一起。

目前市面上有各種期效的緩釋肥，例如一個月、兩個月、三個月、五個月、六個月，甚至八個月、九個月、一年週期釋放完畢等各類型，期效越短的，代表短時間內就會將肥份釋放完畢，因此每次釋放的肥份比較多，期效拉的越長，就代表每次釋放的越少，相對也越不容易肥傷，越安全。

買肥料要看的重點，在所有肥料的包裝上都有三個數字用橫槓連在一起，這是指肥料中氮、磷、鉀含量的百分比，一些品牌的肥料，為了方便消費者購買，常常會幫產品編號，所以你會看到好康多一號、二號之類的，通常同一個號碼的氮磷鉀比例不會相差太多，然後在同樣的一號裡會有不同天數期效的產品，例如圖中的 70 天，還有 100 天、180 天，消費者購買緩釋肥要看的第一個就是氮磷鉀的比例，選好你要的比例（或直接選號碼），再來就選擇你要的期效。

 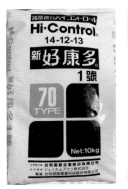 

目前市面上比較常見的緩釋肥：好康多，小包裝，圖片上面有寫 3 個月一次，就是指肥效會在 3 個月內釋放完畢，所以 3 個月後，你再補充一次，就可以。

10 公斤大包裝（圖片上的 70TYPE 就是指肥效 70 天內會釋放完畢）。

奧綠肥，它還有另一個名字：奧斯魔肥，奧綠肥的規格又有些不同，它的產品種類更多，也不是用號碼來編號，它是每個產品有一組數字代表這個產品。

　　所以像奧綠這種編號比較繁多複雜的牌子，就先看它的氮磷鉀比例去選擇，再看它後面的說明，有個 12-14 被方塊圍起來的數字，這個是指它的肥效期，就是 12 至 14 個月，會寫 12-14 算是比較精準的寫法，因為就算被包裹在殼裡，肥效的釋放還是會因為溫度而有所差異，越熱釋放越快，所以如果天氣很熱的話，可能 12 個月左右就會釋放完畢，天氣很冷很涼爽的話，肥份可以持續釋放 14 個月。

　　有些肥料除了會有氮磷鉀三個數字以外，後面還有寫一些東西，像這個有多 +2MgO+TE，MgO 就是指它登記成分中的鎂，TE 是 Traceelements 的縮寫，意思就是指微量元素，它原料名稱欄裡面那堆什麼銅鐵鋅錳的就是微量元素，所以它這個肥料的意思就是除了氮磷鉀，肥料裡面還含有鎂及眾多微量元素的意思。

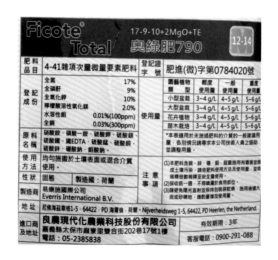

奧綠肥的散裝及茶包裝。

　　由於奧綠肥在蝦皮上賣的商家非常眾多，這個牌子在大陸也是廣泛被使用的緩釋肥，但蝦皮上的水貨、假貨非常的多，所以如果看到包裝上是簡體字，或雖然是繁體字，但廣告用詞很大陸口語的，絕對不要買。因為買到假奧綠的機會非常高，所以在此提醒讀者，台灣有自己的奧綠進口商（良農），要確定產品包裝是繁體字加上有看到代理商，避免買到水貨或假貨。

　　奧綠肥有針對盆栽族群推出一種茶包裝的版本，把原本散裝的複合肥顆粒小份量包裝，每一包大概就是五公克的份量，平常我們使用這種複合肥，都需要另外買那種做菜專用的量匙，這種茶包裝的就很方便，要放多少就丟幾包。

　　右上角的量匙是我自己在用的款式，雙頭設計一邊 15 公克，一邊 5 公克，不用分不同克數買很多枝，也很好組合（例如一盆要 10 公克複合肥就放 5 公克 2 匙，要 20 公克就 15 公克 +5 公克各一匙），網路上搜尋「雙頭量匙」就可以找到類似設計的產品，買的時候要注意產品上的公克數，這種產品有比較大的版本，拿來做咖啡量匙（30 公克、15 公克），不要買錯，我有多買幾支備用（粉狀水溶肥也用這個），藥也有粉狀的，調藥調肥的時候這個就可以拿來用。

綠豹 盆栽控釋肥(通用型)......介紹		
建議單次施用量	盆徑	建議用量
盆栽種植	3吋盆(9cm)	1-2克
	5吋盆(15cm)	3-5克
	7吋盆(21cm)	8-9克
庭園植物	每10公升介質	35克

▲各類植物需肥量略有差異,本表僅供參考(內附湯匙乙只,一匙約5克)

登肥成份:
全氮14.0%、銨態氮8.0%、硝酸態氮4.0%、全磷酐9.0%、全氧化鉀
15.0%、水溶性氧化鎂2.0%、水溶性硼0.02%、水溶性錳0.09%、水溶性
鋅0.50%、全鐵0.05%(500mg/kg)、全銅0.01%(100mg/kg)
成品性狀:固態,顆粒狀
有效期限:3年
肥料品目(編號):專項次量微量要素肥料(4-41)
肥料登記證字號:肥進(微)字第0776015號
廠牌商品名稱:精準綠豹

雙頭量匙長這樣。　綠豹,它的小份量包裝就寫的比較親民,一看就懂。

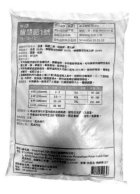

我用的10公斤大包裝版本,幾寸盆要用多少克也明明白白,小罐裝則不像大包裝寫這麼清楚。

　　御花園智慧肥,這個是福壽出的緩釋肥,也是我目前用的,不過我用的是 10 公斤大包裝,小量種植用這個小罐裝就好,這種緩釋肥知名度不高,但福壽算是台灣肥料界的老牌子,一用就上癮,現在都固定用這個牌子,便宜又好用。

我一開始使用奧綠，也很喜歡，肥效釋放穩定且不肥傷，但以我的種植數量，使用奧綠的成本，真的太貴了，但對於種植量小的一般花友，我還是很推薦的，若想拌進介質裡當基肥使用，可以使用奧綠791，若要當一般肥份補充，建議可使用奧綠314。

在大陸，他們有玫瑰專用的奧綠318S，我以前使用奧綠時，有問過台灣代理商，但他們沒有進這個型號，可能當時台灣種玫瑰的人太少，所以很多人會在蝦皮看到簡體字版本的奧綠318S玫瑰專用肥，但絕對不要亂買，因為品質沒有保證，如果未來詢問良農318S的花友越來越多，也許代理商會考慮進口，這部分就要靠大家了。

其實，從販賣玫瑰開始，我的玫瑰一直使用的都是福壽御花園緩釋肥，客人也常問我，到底是用是什麼肥，因為他們說我賣的玫瑰植株根系，是他們買過中最飽滿的。

不過老實說，會滿根只是時間問題，我只是在移盆穩根後，養植的時間比較長，才會上架銷售。也就是說肥料真的只是輔助，絕對不是因為用了這個肥料根系才會滿。

根系要滿，就是要花時間養（介質有調好，有好好澆水的前提下），絕對不是因為用了這個肥料才會滿根，希望花友不要有這種錯誤觀念才好。

浪漫情人（浪漫愛咪）／法國玫昂公司出品的（跟龍沙同間公司），浪漫愛咪是真正的四季開花，株齡成熟（至少2年）甚至不用脫葉，四季只要稍微把枝條橫拉固定，花就一直開，缺點是無香，但花型花色每波開出來都不一樣，是驚喜包，株型不會太大，屬於小型蔓玫，地方小也可以盤成花柱，不占空間。

不管你用任何品牌的緩釋肥，只要養的時間夠，都可以達到滿根的效果。

　　我現在的用肥方式，是經過二、三年用過各種肥後的心得，就是求簡單方便，氮主要是在長葉，磷是開花結果促進生長，鉀是果肥和讓植株硬挺強壯，強化植株的抗病性，大陸有句俗語：「氮長葉子磷長果，鉀肥沒事長柴火」，我覺得形容得很貼切。

　　玫瑰用肥的氮磷鉀比例，用平均肥或通用肥就可以了，意思就是三個數字差不多，或一樣的那種肥料，對玫瑰來說，三種成分都很重要，水肥和有機肥的選擇也一樣，有人會在花季時使用開花肥（磷比例較高的肥），但我是不會這麼做，只要植株養得夠強壯，不用開花肥，花也是可以開得很標準，只是用了開花肥花色會更飽滿更鮮豔，我自己則是一年三季都用平均肥，只有夏季不用肥。

水肥要掌握時間點噴，否則玫瑰不會漂亮

　　種植量比較小的花友可以採取精緻管理，除了放緩釋肥外，平常固定噴藥的時候，就順便帶上水肥，大約一到兩週一次，加上陽光充足的話，花就可以長得非常好，病蟲害有控制好，植株通常都會很健康，開花性自然也不會差到哪裡。

　　在植物界，開花是一種極耗能量的行為，絕大部分的植物只在某一個季節開花，不會一年四季都開。

　　開花是為了傳宗接代，植株會把所有養分全力供給花朵成長，暫停其他地方的養分供應，所以開花的時候不太會長葉，會生長停滯（這也是小苗期要你努力摘苞養株的原因），然後玫瑰又是一年四季都可以開花的習性（等於一年四季都在孕婦階段），如果希望玫瑰四季都開花，你覺得它那一點點葉子夠折騰嗎？

　　所以才說玫瑰重肥，你看孕婦食量有多大就知道了，很多花友就單單放個有機肥，或是液肥，甚至不給肥，然後就問：「為什麼我的花都不太開？甚至開的越來越小？」答案就是沒吃飽啊。

　　不過有另一種花友，是阿嬤型，怕孫子吃不飽，每天餵，照三餐餵，還有早午茶、下午茶和宵夜，餵到玫瑰都吃不下去，肥份大多積留在盆土裡，造成盆土過鹹，玫瑰長得越來越差。

　　所有事物，過與不及都不好，人吃的藥劑量過多會變成毒，肥過多也是毒，不足又達不到藥效，只有劑量適當，才能治病才能強身。所以肥要放對方法，放對用量，玫瑰才會長得好。

摩納哥公爵（櫻桃派）／法國玫昂家的，這品要日照足，花邊才會非常紅，日照不夠的話，花裙會變粉，就沒那麼美了，是很好照顧的品種，強健愛開花，很適合新手入手。

水肥是水溶肥的簡稱，絕大部分都是粉狀的，溶於水中稀釋後使用，水溶肥是速效化學肥，噴灑下去，植物會立刻吸收，適合及時的能量補充。

水肥的比例平均溫度低於 25 度以下，可以放到 1:800，25 度以上 1:1000，30 度以上 1:1500，這是個大概值，差不多就好，算是比較安全的數值，噴藥時混著噴就可以，不過冬天是可以偷懶不噴藥的季節，水肥你就照之前噴藥的規律，一週或兩週噴一次行了，夏天可以停噴水肥只噴藥，因為葉子大部分熱障礙嚴重，噴了吸收性也不佳，這時候就不要再給葉子負擔了。

靠有機肥或複合肥是不夠的，適時補充水溶肥也很重要，一週或兩週都懶得噴的話，至少至少，花謝修剪完花以後，一定要噴一下，幫它坐個月子。

奶油伊甸／也是玫昂的品種，標準用生命在開花的，雖然沒有海神王和冰上精靈那麼瘋，但養得好，日照足，花量也是很可觀的，記得花開完，要好好幫它坐個月子。

花寶，是台灣最廣泛可見的水肥品牌，玫瑰用花寶2號平均肥，就可以了。

花寶3號，如果要用開花肥，在花苞嫩芽剛出就要趕快使用，用到花苞顯色以後，就可以恢復成平均肥。

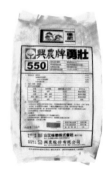

興農勇壯550，這是我目前在使用的水肥牌子，比較大包，3公斤，可以用很久很久，很多前輩也在用這款，日系肥料。

米蘭達／大衛奧斯汀婚禮切花，開花性極佳，春冬花徑大約10公分，淡香，植株低矮適合陽台，容易種植。

　　再提醒一次，肥料沒有所謂好與不好，只有用的方法對不對，分量對不對，還有時機對不對的差別而已，希望花友不要有越貴越好的迷思，肥料只是補充玫瑰不足的養分，而不是全能，如果玫瑰不開花，原因有很多，例如日照不足、不會修剪，或病蟲害導致，千萬不要發覺玫瑰不開花第一個想的就是肥料問題。

冬末修剪之後，一定要讓玫瑰吃飽肥，春天才會爆花

肥怎麼給？才會有效不白給？一年之中，春天是最需要下肥料的季節，春天給的肥料是最重要的，因為春季是玫瑰花最主要的開花季節，所以花會開得特別漂亮，特別大，花量也是最大的，所以這期間一定要給玫瑰補肥，才不會開著開著植株就弱掉了。

例如蔓玫脫完葉子後，我會下肥料，這時我會將有機肥和緩釋肥一起下，因為有機肥是兩週後才開始釋放（透過益菌分解釋出肥份），而且也要補充益菌的食物，有機肥雖然肥份薄，但有機肥有一項很神奇的功能，就是很會促筍，等蔓玫綁定好，肥下去就等它開花，開完花記得還要再補肥，不管是水溶肥還是複合肥都可以（複合肥之前放的期限沒到沒關係，再補一半的份量下去），天氣冷涼給厚肥 OK，而且玫瑰春天的紅筍會狂冒，不過結花苞前，我不會特別給高磷鉀肥，這是個人習慣。

人間天堂／天熱也可以正常生長的耐熱型品種之一，夏天還是可以長得很好，花量很大，玫瑰只要超過30度以後，給肥就要很小心，已經休眠或熱障礙嚴重的植株，都要暫停給肥，像這種彷彿沒有夏天，還是長得開開心心的品種，就可以正常施肥，但記得以薄肥為主（水肥1:1500，複合肥的話分量減少1/3或一半，有機肥原本肥份就薄不用減量沒有關係，但不要放太接近根系，沿著盆緣放）。

克莉絲蒂娜公爵夫人（塵世天使/地球天使）／這品比較特殊，在溫帶地區，夫人不是大蔓玫，而是妥妥的小家碧玉灌木型，植株不高70公分左右，但到了亞熱帶，直接變金剛芭比，還是最大隻的那種，它很巨，地植以後更狂，枝條左右橫拉的話，冠幅可以到4至5米，如果你家有一面牆很空虛，種它就對了，保證給你填得滿滿，很有安全感，強健，春季脫葉後花量最大，重點是有香，是很好聞的強檸檬香。

每年一定要灑幾次有機肥給玫瑰潤補

　　如果你沒辦法做到每年幫玫瑰換盆土的話，就記得每年一定要在盆土上施放有機肥幾回，讓盆土中的益菌保持活性，並且中和長期施用化學肥帶來的鹽基，避免盆土板結。前面有講過原因，如果你基礎已經都打得很好，種玫瑰可以再進階到下一個階段，學著冬天幫玫瑰修根，另外也要記得天然的東西永遠最好，益菌液肥與有機肥使用的頻率不多，但絕對有施用的必要。

　　只要根部的肥料施放得宜，種玫瑰可以省事又有效，所以我種玫瑰四年來，肥料的關注點都在根部，只要根部健康，吸收肥料的效率也一定很好，體質好，上面的枝葉自然就跟著茁壯。

有預算的可以加幾款有機肥和液肥

如果你的預算充裕，還有幾種肥料，你可以試試。

1. 晶綠：白色顆粒狀的肥料，屬化學肥，作用是促進開根，在玫瑰花苗從小盆換大時，你可以直接讓小苗的根團沾上晶綠的顆粒末，沾多沾少都沒有關係，有特殊設計不用擔心燒根的問題，沾完直接放入新盆種上，成株大盆換盆也可以使用，不好用沾的就直接灑在新盆土內即可，晶綠屬於開路肥，可以讓小苗根系迅速生長快速服盆的肥。你可以針對你很喜歡，或是根系比較弱的苗，使用晶綠，晶綠在蝦皮上就買得到。

2. 腐植酸：算是一種土壤改良劑，能夠改善土壤結構，提高養分利用效率，並促進土壤益菌活性，腐植酸還能刺激植物根系生長，提高植物吸收水分和養分的能力（簡單來說，就是提高肥份吸收的效率）。目前市面上有腐植酸和黃腐酸兩種產品，黃腐酸是更加好吸收的，價格也更貴，不過本書主要是給新手養玫參考，這邊講得過於深入可能會讓花友暈頭轉向，因此就簡單列出有這樣的產品，以後對玫瑰養植很熟悉了，再來深入了解這塊也不遲，網路上都有很多資料可供參考。

哈斯菲爾德合唱團／是來自英國的品種，不用特別照顧就很勇壯的孩子，不太生病，日照需求比較高，株型高大，陽台族不太建議，但地植或頂樓及露臺我就很推薦，強香開花性非常好，來花都是一叢一叢，有空間的話可以上牆，能當灌木養也可以當蔓玫養，夏天花色會變淡偏粉紅，冬春就是這種酒紅色，超級好看。

3. 海藻精：是海藻抽取素，屬於有機液肥，海草存在於深海，在陽光無法照射下，自行演化，不需光合作用，能製造養分與儲藏養分，是目前肥料中所含微量元素及稀有元素最多的一種天然肥料，還含有植物可直接吸收利用的18 種蛋白質氨基酸及對植物生理過程有顯著影響的植物生長物質（生長素、細胞分裂素、赤霉素等）；再加上維生素、海藻酸、腐植酸及植物抗逆因子等。主要是噴在葉子上，促進枝條的分枝、細胞生長，讓玫瑰的活性更好抗病性更強。我以前就有在用，因價格較高種植量大以後就停用了，陽台族日照較少的話，很推薦使用這類產品，目前市面上海藻精種類繁多，只要有合格認證都可以購入，也沒有雷區，選適合的容量即可安心購買。

Lesson 7

玫瑰只要安然度夏，
就會長長久久

台灣的夏天，不但熱且長達五個月，是玫瑰的劫難期，只要學會如何讓玫瑰安然度過夏天，你就是種植玫瑰的高手，本章提示度夏的重點，只要照表操課，就不會夏天之後收一堆空盆了。

　　地處亞熱帶的台灣，農民曆二十四個節氣的農作方式，早已不適用，因為近二十年來，地球暖化嚴重，氣候變得很極端，該冷的時候不冷，不該下雨的時候拼命下。

　　現在種玫瑰，只能以溫度高低做指標，我以自己種植玫瑰四年多的心得提供給讀者參考。一開始，我依大陸的說法照著節氣栽培玫瑰，例如，秋分時就可以進行秋剪，但後來發現行不通，秋分大概就是中秋節左右，但那時候台灣的天氣還是很熱，常常這週二十幾度，但下週秋老虎回來了，氣溫又飆升到 30 幾度，所以台灣不能照大陸的做法養玫瑰，單純依照節氣的栽培方式反而會造成很大的風險。

真宙，日系經典耐熱品種

台灣氣候已經不需秋剪，以免一剪沒

很多歐美、日本、韓國等溫帶國家種植玫瑰者秀在 youtube 上示範秋剪的操作方式，高度可能會剪掉三分之二，剩下三分之一，葉子也會留得較少。

然而這並不適合台灣，因為在上述地區秋季玫瑰還會有一波秋花，然後冬天準備休眠，而台灣如果在還很熱的秋分，就把葉子很茂盛的玫瑰植株，修剪葉子留不到原本的一半，然後正常澆水，玫瑰的根系本已經習慣供應這麼多葉子，但忽然被剪掉一大半，需要水份的葉子少了大半，植物的根系一下子適應不過來，還是持續往上供應，那多出來的水分，就會往傷口處流（傷流）。如果天氣繼續熱，傷口持續潮濕，就容易感染，嚴重者，就會成為黑枝。

所以我的建議是：不要太快秋剪，甚至不需要秋剪，因為國科會已有報告顯示未來台灣的夏天會長達七個月，所以，如果夏天這麼長的話，玫瑰真的可以省掉秋剪這個步驟。

加百列，河本九大天使之一，天使系列是河本純子奶奶的成名之作，它是很灰階的紫，強檸檬香，花瓣呈現質感透明，介質需比一般品種更為排水，不論季節輕剪即可，與路西法同屬夢幻逸品，你可以不種它，但你一定要知道它。

台灣玫瑰只需作花後修剪，然後在最冷時冬剪

夏天進入秋天時，要懂得觀察天氣、氣溫，如果天氣還是很熱，超過三十度的秋天，就先不要動玫瑰。如果發現連續兩週，天氣都很穩定，不會有秋老虎了，就可以放心小修，甚至我發現，台灣的玫瑰不需要秋剪，唯一需要的就是冬剪而已。其他季節，都是做花後修剪就可以，要調整株型的話，就是剪掉總植株高度的1/3左右，一定要保留足夠的葉子，如果玫瑰2/3以下都沒啥葉子，就先不要這麼剪。

把盆栽斜放促使底部受光出筍．有新筍有葉子可以行光合作用了再修剪，另外要再度重申一次，這種修剪只適用於成熟強壯的植株，所謂成熟強壯的植株指株齡至少有八個月到一年（看品種強勢與否而定），小苗絕對不可如此修剪。

最多就是你若嫌株型醜，或長太高，冬季時再來操作重剪，剪掉總植株高度的二分之一，或三分之二，但在秋天時絕對不能像國外秋剪那樣，重剪到剩三分之一，不然，真的會有很高的機率讓你一剪沒。

蔓玫必須要在春天之前擼光葉子，才會在春天爆開花

以蔓玫為例，在國外只要是冬天開始冷一段時間，例如低於零度超過一週或兩週，玫瑰才會進入冬眠期機制，溫帶國家的玫瑰葉子是自己會落掉的，玫瑰主人只要清掉零星葉子就可以了，不用幫蔓玫擼葉子，因為它們掉完葉子就是在冬眠了，芽就定在那邊不會動，等著來年春天要爆開。

但在台灣的冬天，玫瑰沒辦法休眠，所以我們要幫蔓玫擼葉子。我都是選冬天最冷的時候，在冬至後還不行，大概是農曆過年前後，才是最冷的時候，這時候擼，過年後就會慢慢回暖，去年是暖冬，在過年時，我甚至覺得不夠冷，過完年後，我才擼。

不夠冷也不是說不能擼，但你要盡快同時進行，就是一整棵一天擼完，或是你家所有的蔓玫，都要在同一天擼掉葉子，不能說今天擼這棵，明天擼那棵，後天再擼另一棵，盡量不要這樣，要一口氣一次全部擼掉葉子，不然你就看不到全部的蔓玫瑰花一起盛開的爆花景象。

一擼完葉子，光照直接下來，玫瑰的芽就開始生長，正常來講四十五天到六十天後，就會開花了，但如果天氣比較溫暖，它可能提早，在四十五天前開，但正常就是四十五天，會到第六十天才開，可能就是中間遇到個位數溫度的寒流來襲，花期就會延後。

蔓玫有趣地方也在此，就是它每一年的花季時間，好像可以預計，又好像不能預計，很有意思。而且養蔓玫很省心，除了昆蟲外，你不用擔心黑斑、白粉病，因為蔓玫幾乎不會得這些毛病，它們都很強壯。

克莉絲蒂娜公爵夫人

德國柯德斯出品，又叫塵世天使或地球天使，在國外原先是灌木型態相當低矮，在台灣亞熱帶地區種植以後直接變成大蔓玫，地植枝條可長達 3 公尺，橫拉後左右冠幅非常寬，建議地植種植時需要大空間，與鄰近的玫瑰左右至少留三米左右的間距才能讓它完美發揮。花朵仙氣夢幻，強檸檬香，味道非常清新好聞。

脫葉牽引後
約 25 天

脫葉牽引後
約 35 天

白色龍沙寶石（擼完葉約 25 天左右拍攝）

經典蔓玫龍沙寶石的白色芽變品，台灣也叫它白伊甸，生長特性與龍沙
寶石完全相同，同樣是一季花，左右大概留個2.5公尺左右的間隔就可以，
我個人很偏好粉白色系的玫瑰，白伊甸同樣很仙，感覺有點像月光石，
花也非常大朵。

脫葉牽引後

脫葉牽引後
約 25 天

哈斯菲爾德合唱團

英國玫瑰，這個品種枝條硬直，所以個人覺得不適合盤花柱，在平面的空間
會比較好牽引，左右間距抓 2~2.5 公尺即可，四季開花型蔓玫，花量很優秀，
來花都是一叢一叢，養起來成就感十足，氣溫較低時花朵會呈現非常特別的
葡萄酒紫色，帶點灰色調，不僅花朵大而且強香，是個非常優秀適合台灣的
品種，天氣熱時仍愛開花，花色變淡呈桃粉色，香氣也會變很淡。

脫葉牽引後

脫葉牽引後
約 35 天

草莓山丘

大衛奧斯汀蔓玫品種，它其實很早就引進台灣，但一直沒有被廣泛種植，一如奧斯丁庭園品種特色花瓣柔軟，粉嫩的顏色像極了棉花糖，非常的溫柔甜美，成熟後的山丘經過脫葉牽引花量極為巨大，不輸溫帶地區，它的個子很也很大，栽培實錄左右間距大約抓個 3 公尺比較穩妥，香味也很濃郁。

脫葉牽引後

脫葉牽引後
約 40 天

朵莉-切花

五月就要開始準備度夏

　　玫瑰最喜歡的溫度是 18 到 25 度，就是比較接近溫帶春天的氣候，其實玫瑰的生長溫度在 18 到 25 度的最高與最低上下 5 度區間，都可以的，所以冷到 13 度，熱到 30 度，玫瑰都還是可以生長的，或以 25 度比較好區分，因為現在用季節分，已經不準確了，因此我已經習慣以溫度來改變照顧玫瑰的方式。

　　如果以溫度來說的話，五月是一個分水嶺，而且台灣的五六月還有梅雨季，因為花開時，最怕的就是雨，花開了，雨來了，花就是被打爛變型，所以現在台灣的最佳觀賞季節不是和國外同步的五、六月，反而是三、四月左右，才是玫瑰的最佳賞花月份。

　　五月開始就要準備為度夏做打算了，對我來說，梅雨季一開始，玫

瑰就是在度夏了，因為玫瑰最怕的就是先大雨，接著大太陽，雨才剛下完，盆土裡面還濕答答的，太陽就跟著曬下來，根系很容易直接被悶到，所以，台灣種玫瑰很辛苦，介質要這麼講究排水，就是因為台灣的氣候，雨多，又濕又悶又熱，相對不利於玫瑰的生長。

梅雨季前記得噴藥，以免收空盆

五月潮濕溫暖的雨加太陽，就是玫瑰的地獄使者，身為玫瑰主人的你，一定要有所警覺，玫瑰的第一殺手就是黑斑，因為黑斑會讓玫瑰迅速的掉葉子，不及時治療就會掉到變成光桿珊瑚枝，雨又一直下，這樣一來，玫瑰根系沒有辦法透氣、呼吸、行光合作用，那玫瑰只會越來越弱，直到根系被過多的雨水淹死，所以梅雨季節通常就是玫瑰死亡潮的第一波。

每年的五月開始，我一定很注意氣象預報，如果知道什麼時候會下雨，在下雨之前，就要噴抗黑斑的藥。

如果一直雨下不停，完全沒有空檔讓你噴藥怎麼辦？其實只要雨中有兩到三小時的停雨空檔，就可以噴藥，記得一定要加展著劑，藥劑才比較好在雨水中沾附在葉子上。

也就是說，下雨就是空襲警報，在空襲警報前你就要開始動作，趕快先噴防黑斑的藥，會比黑斑開始發生以後再來治療，防治效果會好上許多，等到黑斑已經發生才來治療，效果就會打折扣，治療期也會拉長，反而更麻煩。

如果來不及在雨前噴藥，雨後是第二個噴藥的黃金期，總之在黑斑開始顯現之前做噴藥的動作，就絕對不會有問題。

　　如果你懶得時常注意氣象什麼時候下雨，什麼時候不下雨，也可以一週噴一次氟殺克敏，每周有固定噴藥抑制黴菌孢子的話，那不管雨前雨後這些都不用去考慮，就照著你的週期固定噴即可。

　　如果你不想每週噴一次，那你就要注意什麼時候要下雨了，先噴一次，如果下雨前來不及噴，你就要在雨停後，趕快補噴。如果沒有常常下雨，兩週噴一次也可以。

　　但是梅雨季時，我的建議是還是一週噴一次氟殺克敏，這是玫瑰進入夏天第一階段五月，最需注意的事，也是玫瑰度夏最重要的第一件事：留住最多葉子，所以要預防黑斑的發生機率，玫瑰所謂抗病性，其實在台灣最主要的就是指抗黑斑的強度。

除了防黑斑，也要記得防葉蟎、薊馬

　　六月溫度開始升高以後，玫瑰如果有花苞，可以先讓它開一次，只要花型沒有走鐘嚴重就讓它繼續開，表示這個品種還算耐得了熱；如果開出來的花型，你都認不出來它是誰，我建議就可以不用看花了，因為天氣越來越熱，這個品種的花只會越來越醜，與其看它花容失色的模樣，倒不如摘苞讓它留著養分，對抗夏季這個大魔王。

　　葉子是度夏的重點，如果葉子上有薊馬、就要一個月噴一次賽安勃，用賽安勃是打預防針的概念，噴下去後，植物會吸收藥性，若植物生長得很快的話，藥性就很容易被平均稀釋掉，所以，有時是三週，有時是一個月，主要是看植株的生長速度，調整給賽安勃的時間。

不過，因為氟殺克敏和賽安勃，都是農藥，是屬於管制性的，一般園藝店買不到，販售的地點只能是各地農會，興農供應中心和有牌照的合法農藥行，而興農在北部的據點是在中壢，北部的花友並沒有那麼方便找到興農買，所以，北部花友最簡便的方式就是找植物藥菊買，他可能會建議你買展著劑，可以讓藥物在葉面上停留較久的時間，展著劑的稀釋比例是1：5000，雖然三種加起來總價要上千元，但是因為每一次施用的量，都是一滴、兩滴，所以買一瓶是可以用一年的。

賽安勃和氟殺克敏的稀釋比例是1：3000，你可以請教植物藥菊：噴罐是幾公升，要加入幾cc？然後，你要去買一個實驗室用的吸管去汲取這些藥物，比較準確，否則濃度太高容易藥傷，也是浪費，但太低了，又沒效果。總之，氟殺克敏和賽安勃，是玫瑰陽台族的基本配備。

超級綠

帕芙洛娃

噴藥小技巧

1.噴藥時，葉片上有附著細小水霧即可，尤其天氣熱，不需要把葉片植
  株噴得溼答答，藥劑在植株上停留過久容易造成藥傷。

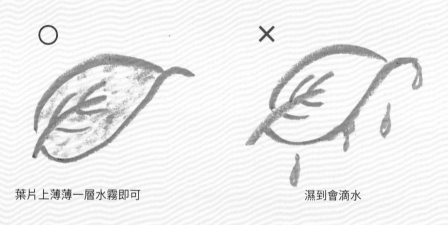

○   ×

葉片上薄薄一層水霧即可   濕到會滴水

2.葉面葉背，盆土表面及周邊環境
  都需用藥劑帶過一遍（病菌有孢
  子會四處飛散）。

奧斯翠德格拉夫（不眠之夜）／
德國品種，強香，有點橫張，會
去騷擾左右鄰居，耐熱，夏花開
起來不會像照片這麼黑紅，花型
也會歪掉，溫度低才會呈現黑紅
色，有時候根本臨近黑色，不過
夏天真的不要太要求花漂亮，保
命比較重要，植株夠耐熱抗病，
已經值得給他拍拍手。

夏天是玫瑰的度劫時刻，重點在讓根部涼爽

　　度夏另外一個重點就是要保護根系，讓根維持在較涼爽舒適的環境，
樹冠就會一直成長，但只要讓根悶到、熱、受傷、受損，加上盆裡的水
分只要溫度一高，熱，含氧量就會降低，根在又溼又熱的土裡，就會缺氧，
缺氧又熱就容易爛，根爛的話，上面一定會長不好。所以如果盆土比例
失當，例如保水的泥炭土過多，頂部的葉子又太少蒸散作用弱，讓水在
盆裡過久排不掉，失去氧氣，變成死水，你的植株絕對不會健康，所以
配土寧願疏鬆些，勤灌水。

　　你可以在玫瑰花盆外套個大一點的盆，做一層隔熱，讓它的盆子避
免直接曬到陽光進而讓盆土加溫，講究點的，還可以在盆面鋪點塊狀樹
皮，但不建議用黑色那種防草布鋪盆面，只會更吸熱而已。

夏天裡最怕熱的是根，所以盆土的溫度不要過高，以手摸盆子，如果溫溫的，就代表盆裡面的土也是這個溫度，對根來說，會像溫水煮青蛙，因為溫度高，水的含氧量就會下降，肥份的吸收也會降低，這就是熱障礙的一種，一旦出現熱障礙，根就會開始當機，玫瑰植株的莖葉因此開始焉焉的，或是出現黃葉。所以如果你讓玫瑰盆中水積留太久，而水都是高溫又缺氧的水，根在其中，就會窒息，如果太透氣，怕夏天太熱失水快，可以在花盆底下加個水盤，這是針對透氣性太好的介質，在夏天的臨機應變方式。

每次澆水，就是玫瑰換氧的過程，只要土夠疏鬆、排水，灌水，是沒有問題的，只要氧氣夠，根系可以吸飽氧，樹冠自然就會活躍。

度夏最主要其一就是要保護盆土裡根的溫度，讓根舒爽，上面就會繼續長。也就是說，樹冠熱，沒關係，只要注意不要讓它的根系核心熱起來，在夏天，它還是可以生長得很旺盛。

所以常會看到明明你的盆栽玫瑰已經熱到變形，不成玫瑰樣，可是別人家的玫瑰怎麼還長得那麼好？差別就在你有沒有幫你的盆栽好好的隔熱，地植不用講，根有辦法自己深入地下找涼快去，所以不能這樣比。

但很多人夏天的盆栽，常常是根已經悶到熱到了，根系不健康，下面的根不健康，它就會逼迫上面休眠，因為根部沒辦法供給上面營養，為了保命，只能休眠。

這時候還要施肥嗎？當然不要，它連活著都很辛苦了，你還要逼它吃補然後努力長，先把它放到比較舒適的環境，讓它緩緩吧，保活為上，其他都不重要。

沐月，這是我最看重的一品花，是我種玫之路的精神象徵。

結論 保住最多葉子，是玫瑰度夏最基本守則

　　玫瑰種得好不好，看葉子就知道，因為植株上有多少葉子，底下就有多少的根在運作。玫瑰的葉子正面可以接受光照，行光合作用製造養分，背面則是調節溫度排水散熱與吸收水肥的功能，這項能力主要靠的就是葉背的毛細孔。玫瑰葉正面上有一層蠟質，這是它的防曬層，就如同塗防曬乳一樣，是保護葉面的。

　　玫瑰葉子的背面有毛細孔，會呼吸，所以你噴灑藥劑就是要噴在葉背上，因為一些害蟲如紅蜘蛛，都是從葉背開始吸食汁液，因為葉背沒有蠟質，比較好入口。毛細孔除了呼吸，還具有排水作用，可以調整植株體內的熱度，所以葉子越多，玫瑰度夏的本錢就越多。

總結來說，玫瑰能否安然度夏的第一條：就是保住葉子，玫瑰持續在行光合作用，看不看花，對玫瑰植株都沒什麼影響，能量有在持續供應，玫瑰就能安然度過夏天，這樣你的玫瑰才能種得長長久久。

安然度夏第二條：就是讓盆土降溫，你可以在六寸的玫瑰花盆外套一個七寸花盆，讓兩個花盆中間有空間，這樣一來，陽光先照到大花盆，等於先將熱浪擋在外邊，以此對內盆形成保護作用，讓內盆不會直接照到陽光，玫瑰植株盆內的土和根的溫度可以盡量降低，就是讓盆土內的根可以保持舒爽的方式。葉與枝條就像是四肢，只要盆土內的根溫維持涼爽，天氣再怎麼炎熱，也只是葉子醜了點，玫瑰還是可以健康活著。

安然度夏第三條：拿掉花苞，玫瑰夏天不讓它開花的情況有二，一是開起來很醜，倒不如不要開，節省養分，讓玫瑰拿這些養分來對抗炎夏，另一種是玫瑰已經很虛弱，葉片剩沒兩三片，它還在結花苞，這個苞一定要拿掉。

若是植株一直是正常生長，葉子和花都是很健康的，讓它持續開花，

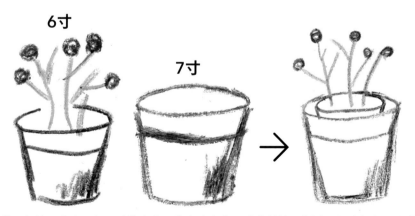

準備一個比原盆大一個尺寸的空盆，將空盆套在原盆的外邊，製造一個有如保溫瓶的隔熱層，可有效阻隔室外的高溫。

都沒有關係，只要幫它補點肥就好，夏天如果有放顆粒肥，那就不要再補其他的肥了，記住在天氣炎熱的時候施薄肥就好。

　　如果是在頂樓種玫瑰，那麼夏天對種在頂樓的玫瑰而言，就是地獄，因為頂樓玫瑰植株不但要對面上面太陽下來的熱氣，還要面對底下從水泥地上來的熱氣，不但種植的玫瑰要慎選品種，還要做好降溫的措施，例如水泥地上放排水墊，不要讓盆子直接和水泥地接觸，盆數夠的話可以讓盆與盆間互相靠近一點彼此遮蔭，接著要多套一個盆子，像保溫杯一樣，更講究的話可以在盆面放樹皮幫助隔熱，也可以讓盆面水分不會蒸散的這麼快，總之就是只要能降低盆內盆土的溫度，不管做什麼，你可以想到的任何招式都行。

弗羅倫蒂娜，大蔓玫，耐熱抗病，但在台灣苗期植株生長非常緩慢。

度夏後，剛醒過來時的玫瑰是最脆弱的

其實玫瑰最容易死的時候，還不是夏天這個過程，反而是度完夏以後的那一波秋老虎，因為很多玫瑰在台灣的夏天，其實已經在休眠，只要水分控制好，不要讓玫瑰悶到根，玫瑰不太容易死，玫瑰看起來沒有在生長，但它沒事，雖然很醜，但它其實是在休眠，養分都儲存在根部。

一旦玫瑰度完夏，我們已經稍微放鬆，以為要開始迎來花季的時候，突然下暴雨，或再來個秋老虎，養分開始往上輸送，才剛開始長嫩葉發新芽的時候，玫瑰就容易因此而悶根，反而最容易死。

如果是露天種植，真的很難預測哪天會來秋老虎或秋颱，唯一能做的就是預先打好玫瑰的底子，讓玫瑰有足夠的時間養成、苗壯，例如在晚秋時買苗，苗在手上經過秋天、冬天、春天的養成，苗可以好好的成長，這樣它在面對逆境時，就會好很多。

所以，我才會建議，不要在入夏前買太小的苗，因為這樣的幼苗在遇到逆境時，它的抗性不夠。如果在夏天之前想買玫瑰，可以買人家要出清的成株，因為成株比較有抵抗力，絕對要減少入手太小的苗。

我多半建議在中秋左右開始入手，這樣才可以有一段時間，養好小苗顧好本，讓苗的根系長多一點，葉子旺盛一點，至少讓苗的體內循環好，它自然就會健康，抗逆能力也會比較好。

經過一、兩年的植株，更不用說，它已經有營養根，那麼植株面對逆境或忽冷忽熱的天氣時，植株的抵抗力，或是恢復能力會好很多。

夏天的澆水要看葉片的多寡而異

夏天的玫瑰澆水，既怕缺水，更怕水太多，因為有很多人的夏天植株狀態是像珊瑚枝，這時你就要注意控水了，因為植株沒有葉子，表示它沒有皮膚可以蒸散排汗，所以排不出水份，若你給過多的水分，它其實蒸散不過來，所以你千萬不能看天氣熱，就每天澆水。

如果你不確定盆土是否水分還充足或是已經乾了，或下雨時有沒有濕透，你可以把盆子拿起來掂掂看，有水時是多重的感覺，如果拿起來還很重，即使表面上看起來乾，也不要再澆水了，就是盡量讓盆土維持半濕半乾的狀態，讓玫瑰的根有點空氣，不要讓裡面悶住。

白滿天星（繁榮），非常適合台灣氣候的四季開花型蔓玫，長勢快速，耐熱抗病，株型巨大，春天有經過脫葉牽引的話花量更可觀，淡香。

失樂園

　　因為夏天溫度高，如果盆土長期一直都是充滿溫水的狀態，就會很像溫水煮青蛙，根是會慢慢被悶爛的。所以，我的建議是在夏天，如果玫瑰不是葉子超級茂盛的狀態，就不需要讓盆土維持長期潮濕以供應葉片眾多所需消耗的龐大蒸散量。

　　盆植不像地植的那麼容易度夏，即使我們再怎麼幫盆土控溫，效果還是沒有大地之母幫玫瑰根系控溫的效果這麼好，所以我的建議是，即使是在夏天，也不一定每盆玫瑰都需要每天大量的灌水，要大量灌水只有一個條件：就是玫瑰的葉子夠多，蒸散作用夠強，因為這時它需要靠排水散熱。

　　就跟人一樣，越熱越會流汗，同樣的道理，如果玫瑰葉子沒幾片，甚至已經進入休眠完全不長不動，唯一會蒸散水分的只剩盆土表面，那這時就要注意澆水，盡量不要過濕，甚至在休眠狀態的玫瑰也不需給肥。

雅　　　　　　　　　　　　　　水晶禮服

了解品種的耐熱度，調整植株的光照時間

　　有些品種例如念念、薄紗，葉片都很大，相對的，它葉背的蒸散能力就很強，所以這兩款在夏天也可以長得很好，因為它們的循環好，給這兩位的水分就要補足，是很適合台灣的品種，對熱的抗性夠好。但相對其他比較弱的，在夏天幾乎完全不長葉，就是幾片老葉維持著，這時就要控好水，或者把它們搬到只接受半日照的地方，其實大部分的品種，在夏天都只要半日照就好，也就是一天只要有三到四小時的日照即可。

　　其實植物要的是光度，它需要的光度就是葉片可以行光合作用的效率，因為秋天和冬天，太陽是斜射，所以光度沒那麼足，太陽不會那麼烈，但是夏天的太陽，光度很足，所以只要三小時、四小時的日照就足夠。

　　因此在台灣，夏天一天照三小時就很足夠，冬天就需要日照至少六小時，不足的話也沒關係，影響到的只是花量的多寡；但對陽台族而言，尤其是北部，冬日日照六小時可能是相當奢侈的，因此我是覺得這是先天環境氣候上的限制，北部的花友已經很棒了，能夠安然度夏，花季能夠日日有花看，這樣的北部陽台族養花就已經有八十分。

選對品種，時時是賞花日

我們常常覺得日本的玫瑰園很漂亮，其實日本人超級羨慕台灣，連冬天都有玫瑰賞，只要選對品種，台灣人的四季都有玫瑰花開的。本章推薦有良好養植紀錄的現有好花，讓你買回去好種，又能開出漂亮的花朵。

　　台灣現在的氣候一年比一年熱，選種玫瑰時，如何挑選耐熱、抗病性好的品種，變得非常重要，因為只有選對品種，在管理和精神上，才會越種越輕鬆。本章所列的優秀品種是根據我種過的幾百品而言，至於沒有種過的品種，只能藉由前輩們或花友們的分享略知一二，有很多我沒介紹的玫瑰品種也很優秀，只能請大家常常瀏覽社團，挖掘適合你的適種品種。

　　近年來台灣人會開始瘋狂種植玫瑰，和國外園藝視頻盛行有關，許多人看了這些園藝花草、玫瑰植栽之後，都非常嚮往，連韓國和日本也出了好多英式庭園玫瑰視頻，英式庭園真的很吸引人，因為溫帶的植物庭園、花卉草木，在亞熱帶的台灣相當少見，甚至完全沒見過，例如玫瑰拱門和玫瑰花牆，因為精緻又浪漫，讓許多人一眼難忘。

兩年株齡的苔絲狄孟娜，大衛‧奧斯汀品種，沒藥香，耐熱、抗病、勤花。

這些奧斯汀在台灣就是不開花，請避開雷區

英國的大衛‧奧斯汀（David Austin Roses）（以下簡稱奧斯汀），是世界最知名的玫瑰育種家之一，以出色的庭園玫瑰和奧斯汀婚禮切花著稱，大衛‧奧斯汀的玫瑰品種，更是全世界花園與園藝愛好者的必種首選。但英國的氣候和台灣是兩個世界，所以，某些奧斯汀的玫瑰，在台灣種並不能如實還原它的標準花型，有些甚至不太開花。

每年五月的臉書，奧斯汀相關的粉絲頁上，各國的粉絲都在秀夏洛特夫人。五月是國外的春天，有人說奧斯汀的三本柱是：瑞典女王、夏洛特夫人、黃金慶典，只要是在 youtube 上看國外花友的花園，一定會看到瑞典女王在前，黃金慶典、夏洛特夫人爬在牆上或攀在花柱上，圓滾滾一層層橘黃色花苞的夏洛特夫人開得滿滿的。

大家都深深為夏洛特夫人著迷，但在台灣呢？台灣的夏洛特夫人開花性極差，不只夏洛特夫人，大衛‧奧斯汀最經典的黃金慶典、瑞典女王，在台灣都容易變成觀葉植物，最誇張的就是夏洛特夫人，冬冬玫瑰園會停售夏洛特夫人，就是因為它不開花，我看過有花友 po 圖，就是一根枝條上來，只有三、四朵花，明明就長得這麼大一叢，但看不到幾朵花。

　　黃金慶典需要很高的光照量，一定要在全日照環境下，以及植株年齡夠久，才會有花量，台灣有花友種了，經過長期栽培並在冬季進行脫葉牽引後，黃金慶典的花量有出來，但也難像國外那樣，長得密密麻麻金黃色一片，曾經種過的花友分享心得是，黃金慶典一定要種在光照很足的地方，如果光照不夠，黃金慶典就很容易得黑斑，花量稀疏，長勢變弱，抗病性也變差。

　　我曾種過瑞典女王，一樣是從帶著幻想起步，到現在隨它去，瑞典女王在春天會開個幾朵，其他季節，就別抱太大期望了。

　　不是我要潑冷水，請你先了解，玫瑰是屬於溫帶植物，我們這些走過一些雷路的種植者，給新手的建議就是玫瑰品種很多，雷區的品種先避開，還是有不少大衛‧奧斯汀品種適合台灣，先種出心得再挑戰高難度，或許比較務實喔。

苔絲-大衛・奧斯汀

陽台也可以種得很好的大衛 ‧ 奧斯汀品種

　　依我個人的栽培經驗，奧斯汀盆栽絕大部分開花性都很好，除了少數幾品綠巨人以外（單純是氣候問題），很多在台灣的表現都非常優秀。奧斯汀盆栽的特色雖然常常是一日散、三日散，但是花交替得很快，散一朵，來一朵，一直這樣交替著，讓人感覺它永遠都在開。因此我個人不覺得一日散、三日散是缺點，反而是一種別樣的風情，花瓣又薄又透，那種柔美，是許多硬挺品種所沒有的味道。

　　而且奧斯汀的美感真的無懈可擊，風格獨具，禁得起歲月考驗，這也是奧斯汀能成為世界知名育種家的重要原因。

　　奧斯汀也有出切花，如碧翠絲、茉麗葉、凱莉等，原本是拿來布置婚禮、會場的切花，並不生產盆栽。不過你知道台灣人，就是腦筋動得快，所以在台灣是買得到奧斯汀切花品種植株，假如你真的不愛奧斯汀庭園花垂頭軟枝的特性，又想種奧斯汀，仍可以考慮奧斯汀的婚禮切花。

葛拉米城堡

雖冷門，但開花性極佳，它的花是一直開、一直開，開不停，一枝多花，而且它的植株不會很高，春冬花徑約有 8 公分大，很適合陽台族種植，也因為它的多花性及柔軟的枝條，很適合嫁接成高接樹玫，樹冠會非常的優美。

葛拉米城堡在春冬時，養護修剪得當的話，一棵可以同時有 2、30 朵在開，即使你把謝掉的花剪掉，上面還是有十幾朵一直接力不停地開，開花性完全沒話說，有幾個小缺點，是它的細刺較多，而且葉片薄透，較容易得黑斑，但如果種在淋不到雨的陽台，不是問題，很推薦給陽台族。

伊莉莎白修女

非常愛開花,一樣是個乖女孩,桃紅色有鈕釦心,也是一枝多花,長勢佳,非常容易照顧,抗病性又比葛拉米更好一點,花型類似芍藥,春冬花徑約8公分。

安倍姬（Ambridge Rose）

不要因為譯名有個姬字，就以為它是日本的玫瑰花。安倍姬也是大衛·奧斯汀的經典品種，基本花色是杏色（根據氣溫及個人種植環境的不同，也有機會出現杏偏粉色），花比較挺一點，春冬花徑可以有 10 公分大，以單頭的形式開放，大衛·奧斯汀的品種絕大部分都是有香味的，安倍姬的香味屬於較重的沒藥香（台灣很多人覺得像塑膠味，只能說國情不同，差異也很大），英國人很喜歡沒藥香，所以許多英國玫瑰（不只有奧斯汀）都是沒藥香調。

苔絲狄孟娜

這款也是在國外非常受歡迎的奧斯汀庭園品種，很慶幸的是，它在台灣的開花性與強健度，也是一樣的好，春冬花徑8至10公分，多頭叢開，花型非常討喜可愛，一樣有軟枝的特性，但挺度已經比較好，耐熱抗病，是很適合陽台的新手入門的品種。

史卡布羅市集

瓣數不多，但開花性頂呱呱，株型不高，隨便養都會爆花，顏值屬可愛型，夏花會變白色，天氣涼爽之後，開起來就是那種仙女粉，這是在三加侖盆內，冬天只有半日照的情況下，花量還是沒話說。

細軟枝條固定這樣做

　　當然也有不少人不喜歡大衛・奧斯汀的花，不喜歡的原因是，枝很軟，花朵易垂頭，覺得它們根本是開給地板看的，這樣的花友通常都會比較偏好花朵挺立，花瓣較耐久的切花類。

　　其實對付這種枝條非常細軟的玫瑰，是有不錯的固定方法。我通常是用兩支90公分的蘭花鐵絲對凹，呈十字型的插入盆栽邊緣，交叉的鐵絲頂部用綠色蘭花夾做固定就可以，做個簡易的小型花架。

　　讓枝條順著生長方向繞著鐵絲盤旋而上（盤旋而上的枝條一樣用蘭花夾固定即可），花往下垂的時候，稍微幫她抬起頭，用蘭花夾固定在鐵絲上，這樣就可以欣賞花了，而盤成花柱的方式，也可以節省空間，讓軟枝的玫瑰不會長到別盆地盤去。

　　至於蘭花鐵絲長度，三加侖盆（比八寸盆稍大一點）我習慣用90公分的鐵絲，對凹後，扣掉插入盆中的高度，小花柱高約30公分，如果花盆較小覺得不需要這麼高，可以購買比較短的蘭花鐵絲；若覺得只插兩支花柱不夠穩，或想讓花柱形狀漂亮一點，可以再多插一支，固定枝條的地方也會比較多，造型會更美。

1.90公分鐵絲×2

2.2支鐵絲對凹

3.頂端用夾子固定，對凹鐵絲插入盆底，二支鐵絲呈現交叉

俯看鐵絲示意圖

夾子固定

修剪後重新盤繞的抹大拉的瑪莉亞。

開花時的支撐架（白桃妖精）。

凱莉

品質和口碑都很好的一款花，正如凱莉包一樣，而且是大包包，株型 90 至 100 公分左右，需要稍大的空間。春冬花開得很大朵，花型周正完美，花色還原度很高，可以開得跟外國農場種出來的一樣。

耐熱性極佳，完全不怕熱，夏天開出來的花還是包子型的花，雖小一點，仍舊完美，抗病性也非常好。

茱麗葉

大花，花徑約 8 公分，而且植株不高，約 6、70 公分，耐熱性佳，夏天只是花朵顏色變淡，花徑稍小，花型不會開翻。春冬就會呈現杏色，花型很美，很周正，是奧斯汀最自豪的切花品種，在台灣表現得也很優秀。

碧翠絲

一樣無可挑剔，它的葉子有
點捲皺，但非常的厚實，這
代表它完全不怕黑斑、白粉，
抗病性極佳，小缺點是生長
得比較慢，但是非常強健，
它有一種淡淡的蜂蜜杏仁香，
很特殊。花朵極為厚實，春
冬可以開兩週。

羅莎琳德

看花朵的挺度就知道它也是
婚禮切花之一，奧斯汀庭園
品種的花徑通常都不會太大
（約在 8 公分左右），但切
花品種就常常可以破 10 公
分，開花性也很棒。其實羅
莎琳德進台灣的時間很早，
屬於因為新花太多，而被遺
忘的玫瑰。

權杖之島

奧斯汀經典品種之一，國外很多奧斯汀愛好者必種的一款花，參考資料表示它長勢很快，但我實際栽培快兩年了，以蔓玫而言，它生長不快，株型不會太大，是偏中型的蔓玫。若種植地方日照足，又有空間，非常推薦這品。

就開花性跟花型、花色，我還是很推薦權杖之島。她也拿過香味類的獎項，可以說是顏值與香氣兼具的一款。春冬花徑都可以有 8 公分左右，夏天開花性還是不錯，只是瓣數變少花變小，但花型依舊有維持住，非常仙氣，抗病性也很好。

奧莉維亞

在國外是很讚的,大部分溫帶地區的花友都很推崇它,但是在台灣氣候差異太大,奧莉維亞奧斯汀很容易抽長枝,枝條上來一抽就是7、80公分以上,而且據我的觀察,只有四、五、六月才容易開花,開花性不佳,其他季節很不愛開花,日照又吃得凶,所以今年我試著把它盤成150公分的花柱,當一季性的蔓玫來養,需到要明年才有辦法得知實驗結果,玩玫瑰就是這樣,要逼出花量來,除了靠不斷的嘗試,就是要花時間陪它折騰。

法系玫瑰，香味是標準配備

　　法國有名的育種公司，如法國玫昂（MEILLAN）、吉優及戴爾巴德等。近年來台灣消費市場追求玫瑰的特性就是要香，例如粉歐哈拉和白歐哈拉進入台灣已經有十年時間，早就紅過一陣子，直到半年前，粉歐哈拉和白歐哈拉又再度翻紅，除了因為花商改名粉荔枝、白荔枝，讓許多人誤以為是有香味的新品而狂追外，也因為大家開始重視玫瑰要有香味，像歐哈拉遠遠就能聞到花香，真的是玫瑰中的極品。

　　我有種粉歐哈拉，發現它的植株很強勢，接著再做嫁接，開的第一朵花，就超大朵，有十幾公分大，當時才兩根枝條還在樹玫苗的階段，花就已經開得很周正，真的是很推薦大家入手。如果懂得修剪，自根歐哈拉大概就是長到 7、80 公分高，是陽台族可以種植的品種。

白色歐哈拉不但美又大朵，而且超級香。

粉歐哈拉，五月底天氣有點熱，顏色淡了但花型仍非常漂亮。

光明知更鳥（Muriel Robin）

音譯為穆里爾羅賓，文意就是知更鳥的意思，2005年由法國的Pierre Orard 公司培育，2007年C&K Jones 英國推出，光明知更鳥的花香味是法國人很喜歡的甜果香。光明知更鳥是屬於花瓣數少，但是卻有很協調，頗具古典感的花型，會露花芯，因為漸層明顯，花的芯與瓣對比強烈，加上濃濃的果香味，辨識度很高。

波麗露

法國玫昂出品，它的名字很可愛，花也同樣可愛，春冬標準花約8公分的白包子，香氣非常濃烈，株型矮小約60公分以內，開花性極佳，是已經很適應台灣氣候的品種，但缺點是黑斑抗性較差，要注意定期噴藥，由於花瓣柔軟夏天開起來容易攤成餅，但仍舊有香氣，光這點就沒得挑剔了。

薩布麗娜

也是法國玫昂出品,有得過 ADR(德國玫瑰抗病測試), 所以抗病性絕對沒話說,小型蔓玫(國外也有當成切花素材運用),花徑中輪約5至8公分,是花色非常浪漫的一款玫瑰。

白桃妖精

戴爾巴德出品,是一直以來備受玫瑰花友喜愛的品種,中小輪豐花叢開,但是養護難度比較高,生長很慢,抗病性也比較差。非常怕熱,夏天很容易休眠,但只要生長季一到,它又討喜的讓你開心到不行,花一叢一叢不停的來,圓滾滾的像一串串甜美的小桃子,是我非常喜歡的品種之一。

右圖／奶油伊甸-法國玫昂

索菲羅莎

戴爾巴德出品，特色是花瓣有明顯的鋸齒邊，濃香，中大型灌木（100
至150公分），也可以當小蔓玫做牽引，不過在台灣實際種植起來，
它的鋸齒邊要溫度很低，才會比較明顯，花真的很大，春冬花徑至少都
有12至15公分左右，極為華麗的一品，再加上抗病性及長勢都很好，
在我的栽培場所從不生黑斑和白粉，是非常乖的好孩子，很推薦給有地
方種植的花友們。

阿芒迪香奈兒（法國香奈兒）

吉優出品，這款是早期就已經引進台灣的品種，也非常適應台灣氣候，耐熱性很好，我是把它當小蔓玫牽引，春冬花徑約 8 公分，強香，強健抗病長勢很好，花色是有點偏咖啡色系的古典美深粉色。

在我家，它所在的那面牆位在樹下，日照稍嫌不足，所以開花量偏少，如果能給它日照更充足的環境，花量會更可觀，夏天也很愛開花，是乖寶寶。

荷系的切花品種玩成盆栽玫瑰

　　荷蘭是切花生產國，台灣是拿荷蘭玫瑰的切花玩成盆栽，而且還種得不錯，例如知名的念念、薄紗，都是荷蘭很有名的切花生產商－VIP ROSE 所育種，其生產的切花，還有蒙馬特、西敏寺、聖母院（在台灣很多人也叫它金莎）、波旁街、咖啡拿鐵、覆盆子優雅等，都是超級精品切花玫瑰，這些玫瑰顏色都很高雅，花瓣質感紋理細緻，西敏寺之前在台北花市一把十枝可以賣到一千八百元台幣的高價，是很多花藝師非常喜愛的高級花材。

　　荷蘭另一間切花生產商：橙色多盟（DÜMMEN ORANGE）也相當知名，水晶禮服便是他們家的產品，安魂曲、甜蜜之眼、薩哈拉感動、安德里亞、酷玩等這些目前大家比較常見的切花系玫瑰也是來自橙色多盟。

栽培實錄

聖母院

（又名拿鐵、金莎），由愛禮花卉代理，購買途徑與蒙馬特相同，這款我非常推薦，花型花色高雅優美，植株強度與蒙馬特差不多，差別在蒙馬特愛出強筍一莖多花，聖母院則一莖一花，株型比較好顧，開花性一樣很好，很有成就感的品種。

蒙馬特

花名、花型和顏色，都很巴黎，在台灣的知名度一直很穩，長年不敗的精品（由於愛出強筍，盆植很多人對它的株型傷透腦筋，前面有教關於強筍的處理方式大家可以試試看），開花性極佳，株型約 60 至 80 公分內，葉子的敏感度高（一言不合就黃葉的那種），但植株生長旺盛，新芽嫩葉若沒有萎蔫，就不用過於擔心，在台灣有品種權（愛禮花卉），但有授權各大業者生產，所以還是相當好買。

[Lesson 8] 選對品種，時時是賞花日　**189**

念念

植株耐熱,長勢快速,花朵挺立花苞巨大,很適合台灣的品種,葉片肥大,夏天依然可以開得很好,開花性極佳,是很多玫瑰栽培者的必種品種之一。

薄紗

(又名戚風、奶茶、雪紡),與念念為姊妹品,植株特性相當,故不多加介紹,我覺得這兩款可以選一種收入就好,但羅姊覺得兩種都要種,因為就是不一樣。

德系玫瑰抗病性絕佳

　　栽培多年下來，發現德系玫瑰的抗病性普遍都很好，原來是德國法規有規定庭園植栽品種不能噴灑農藥，因此發展出強調抗病，開發低毒農藥減少對環境的危害，以環保為主的種植規格。

　　德國有好幾家玫瑰公司，最有名的是科德斯（Kordes）和坦圖（Tantau），科德斯是有名的玫瑰育種生產商，除了庭園品種也出品切花，他們家的切花很多，市場普及率也大，台灣有引進很多柯德斯的品種，像藍色陰雨（蔓玫）、微藍、歡迎（蔓玫，適合地植）、克莉絲蒂娜公爵夫人（蔓玫）、人間天堂、童話魔術等，都是很好的玫瑰。

栽培實錄

藍雨

（大陸叫它藍色陰雨），是國內外都很知名的蔓玫，有垂墜性，花開時，就像瀑布一樣掛著，而且很香，所以取名藍雨，藍雨在國外根本不太會生病，但在台灣，就是會黑斑。在台灣是無法開出溫帶地區那種密密麻麻的花瀑布，必須經過冬季脫葉牽引這個程序，春天才有一定的花量。

微藍（有點藍）

強力推薦的品種，夏天仍舊
可以開出圖片中這種花色，
極為耐熱，豐花叢開，抗病
性不用多說，適合新手入門。

夢幻花園

非常適合新手花友的成就款，
強香耐熱，德國玫瑰抗病是
基本配備，枝條較細軟，開
花性好，春冬花徑很大也很
會開花。

美麗的少女

較容易長枝開花,花型很美,
有美人尖,顏值高,長勢佳,
但在台灣開花性沒有很好,
偶爾給你來個一兩朵,不過
香氣非常濃郁,因為香氣,
在國外得過很多獎項。

阿格斯汀(奧古斯塔路易斯)

植株低矮,生長緩慢但非常強
健,不生病,花也很大朵,以
前算是知名度不低的品種,種
的人也不少,但現在幾乎看不
到有人在曬這品花了。

門廊絨球

株型較橫張，生長慢，但非常強健，黑斑、白粉從不上身，中輪豐花叢開，耐熱，夏天依舊開得非常漂亮（圖在 8 月 30 拍攝），植株不高，適合新手。

右圖／羅倫卡布羅爾

蜻蜓-這款是日本知名育種家今井清的經典之作，中輪豐花叢開，春冬花徑約6到8公分，開花性極佳，強香，但種植上稍有難度，建議有經驗的花友再入手，對黑斑抗性不佳，怕熱，生長較慢。

日系玫瑰重顏值及香味

　　日本大部分的玫瑰花，都沒有很好的抗病性，像德國優先考慮的就是抗病，日本則是以顏值、香味為第一考量。日本有大部分土地是位於溫帶氣候區，所以養玫瑰根本不太要求耐熱。日本的玫瑰花季主要是在四、五月，氣溫平均在攝氏十八到二十五度間，跟歐洲的春天一樣的溫度，這個溫度相當於在台灣的晚秋早冬和初春。日本的冬天，只要溫度低於零度一段時間，玫瑰就會進入冬眠，所以只有春秋兩季是屬於玫瑰的季節（日本夏天跟台灣一樣熱，所以不視為花季）。

　　日本五十年前就開始接觸歐美玫瑰了，較興盛是近三十年左右，在日本大部分都以園主自己的姓氏為玫瑰園命名，如河本玫瑰園、增田玫瑰園、八木玫瑰園等，這些是比較個人的育種家（其實就類似台灣在地小農），還有一種如京成玫瑰園，是一個大型玫瑰公園，公園裡有自己的育種家，京成玫瑰園位在東京，是東京人春天必訪的景點，京成玫瑰園也有推出自己育種的玫瑰，供民眾選購。

彼方（彼岸）

知名育種家國枝啟司的品種，花型非常特別（葉子也很特別，像伊芙葉子細細長長），在台灣算是冷門的花種。

怕熱，葉子對黑斑的抗性很差，冬春時期生長茂盛，花量大，花徑也不小，枝條細軟，溫度升高花色會變淺變綠，再熱一點直接罷工不長，對新手而言，算有點難度。

佩爾茉克

日本知名切花公司童話玫瑰育種，台灣花友間喜歡叫它佩佩茉，人氣一直居高不下，是花友鍾情的夢幻花種。葉子長得很扭曲看起來像蟲害，但這是它的特色，淡香，花瓣容易受傷，要開得完美無暇，需要運氣。建議購買嫁接過的種植，會比較省心，但仍有難度，有一定經驗後再入手。

紫之園（Murasaki no Sono）

是日本知名育種家小林森治的作品，開花性極佳，強健好種，植株矮小適合盆植，中輪豐花花徑約 5 公分，淡香，四季都可以來花不斷，夏天花色也不會變淡，依舊維持這種美麗的藤紫色。

聖思法貝爾（世霸）

世霸不知道是誰取的，還是叫它聖思法貝爾比較好聽，中輪豐花叢開，淡香，植株矮小 60 公分左右，一根枝條上來就是一束花，開花性非常好，顏值也高，強健耐熱抗病，現在比較少見這個品種了。

新浪

這款好花現在沒什麼人要,我其實挺納悶的,植株耐熱抗病,開花性很好,花瓣也持久,春冬花徑至少 10 公分,強香,陽台族光照較少還是很會開花,重點是他夏天花色是茶色,花型依舊維持得很好,香氣也還在,天氣冷涼就會開成紫色,根本就養一盆抵兩盆,非常適合新手,尤其花瓣完全展開的時候,超像芭蕾舞裙,極力推薦。

幸福感

我們以前習慣叫蓮花，後來有業者正名為幸福感。花型很特別，中輪 5 至 8 公分左右，也是那些年我們一起追過的美玫之一，生長不快，慢慢養慢慢大，但植株成熟的話我覺得它很會出筍，也常一莖多花，這時就很好顧了，比較怕熱，對黑斑抗性不太好，株高不會過高約 60 公分左右，淡香。

雅

國枝啟司出品，這款就是我評價很高的雅，耐熱抗病，開花性極佳，春冬花徑可以超過 10 公分，顏值很高，花型花色很美，雅茶跟雅最大不同在花芯，雅茶偏茶色，雅則是比較偏橙色，植株特性都差不多，可以挑其中一款種植就好，沒什麼香味，但瑕不掩瑜，好花就是好花。

◉ 河本純子的玫瑰是香氣飄飄，不染塵世的仙女

　　河本玫瑰園是河本純子所創立（花友間習慣叫河本奶奶），八十幾歲，已經退休，玫瑰園目前是河本純子的媳婦河本麻紀子經營，但兩人的育種風格是天差地別。奶奶玫瑰的飄逸就像中國形容仙女羽衣的感覺，花瓣外揚，像彩衣被風吹拂的模樣，偶爾會有點劍瓣，花瓣數沒有奧斯汀那麼多，有留白的美，花瓣堆疊的方式偏向高芯，但又不到那種標準的高芯劍瓣，介於高芯劍瓣和復古花型之間。

　　河本純子的個人特色非常鮮明，標誌性十足，在台灣最廣為人知的就是她的天使系列（加百列、路西法等）。很多人覺得河本純子的花不好養，其實這是誤會。河本奶奶有很多品種都超級好養，且非常耐熱，開花性也很好，只是像加百列、路西法、藍月石這些較難養的品種，剛好是奶奶的作品。

栽培實錄

砂糖

河本奶奶家的小可愛，中輪豐花，好顧好養，香味聞起來就跟蜜糖一樣甜，聞起來有幸福感。

左圖／清流-河本純子

爽

叫這個名字，是它在台灣
一直不被重視的主因（很
沒氣質），河本奶奶育種，
枝條纖細但挺立，長勢快
開花性也很好，花色超美
而且很香，植株整體算強
健好顧，適合新手。

天宮公主

長勢強，植株非常挺立，
長枝開花，株型約 100 公
分，耐熱性很好，對黑斑、
白粉抗性稍差，但不影響
長勢，有注意殺菌的話，
其實是好養護的品種，花
瓣硬挺耐久，中香，夏天
花也不會醜，算是奶奶家
好種的品種之一。

藍月石

河本奶奶的經典之作，春冬開起來真的像寶石一樣，而且很香，但藍月石不好養，長得很慢很慢，把植株養壯需要蠻長的時間。

珍愛之寶

是奶奶比較早期的品種（1995 年的作品），植株很高大（約 150 公分），建議空間足夠再入手，非常的強健抗病，長勢也很棒，開花性佳，植株挺立，這種模樣的花型就是很標準的高芯劍瓣，缺點是沒什麼香味，這品在日本曾經紅過一時。

耶魯（光之翼）

九大天使中最後一個天使，有一種濃郁的老玫瑰香，花瓣硬挺耐久，春冬花非常大（10公分以上），很多花友說它不好養，但我覺得它超壯超好養，開花性極佳，不太生病，圖中這棵耶魯是好朋友送的樹玫苗，我從一根枝條到養滿樹冠約1年多，初期生長稍慢沒錯，但不代表它難養，真心是個好照顧的天使，圖中的盆是七加侖，裡面的美植袋約1尺，這是2023年底的照片，目前美植袋已經剪開直上7加侖了。

右圖／紅色山丘

閃閃發光（chou chou）

啾啾的日本發音是蝴蝶結的意思，又名閃閃發光，它就是那種放著不管，都可以長很好的品種，長勢極佳，生長速度快，長枝開花，枝條一樣又細又直，雖然枝條細但春冬花徑很大，輕鬆破 10 公分沒問題，耐熱性也好。

照片是七月，每天 30 幾度的高溫，只有它還樂呵呵的繼續長（很多品種裝死的裝死，躺平的躺平），花也沒太醜，對黑斑抗性稍差，注意殺菌就好，株高 60 至 70 公分左右，有淡香。

紅色山丘（紅丘或天家胭脂）

耐熱，對白粉抗性稍差，但不影響開花及長勢，強香，花量大，復花快，多頭叢開，春冬花朵也不小（8至10公分），株高約60至70公分，很適合盆植，香味濃郁，顏值超高，紅裡透紫，非常特別。

羽毛

這款在台灣就比較普及了，耐熱抗病，開花性極佳，強香，花瓣猶如羽毛般輕盈，春冬花型花色極為夢幻，株型較高大，陽台族要養的話，記得要透過修剪壓制高度，花徑約8至10公分，夏天開花性也很好，花型維持得很漂亮，非常適合台灣氣候的一品玫瑰。

日冕

奶奶少數花瓣硬梆梆的玫瑰之一，淡香，開花持久，花朵挺立，春冬兩個禮拜沒問題，花徑 8 公分左右，植株不會過於高大，適合陽台，強健好顧，缺點是夏天會熱到脫妝炸鼻毛。

清流

這品比較小眾，知道的人少，花香不算濃郁但好聞，冬春花徑約 8 至 10 公分，常多頭叢開，植株約 50 至 60 公分高適合盆植，抗病耐熱性都還好，特別的是，它的花裙受光多的話會出現紅邊，很好看。

金色（黃金）玫瑰長袍

蔓玫，沿襲一貫枝條纖細的特色，所以在牽引上很好處理，春冬花大有 8 至 10 公分，花色非常特別，香氣溫和清新，要特別注意的是這款的日照需求很高，影響花量甚鉅，冬季進行脫葉牽引後春季花量最大，其餘季節零星，適合春冬全日照的環境，光照不足容易變成綠巨人不開花。

六翼天使

九大天使之一，應該可以說是天使系列裡最好養最適合新手的品種，耐熱，黑斑抗性較差注意殺菌就好，強香，花徑約 8 至 10 公分，花瓣有很明顯的白粉雙色對比，受光越多粉色越深，植株不會很矮小，陽台種植須要留點空間給它。

玫瑰時裝

它有特別的鋸齒狀，比較偏單瓣，也很香，在日本被歸類在強勢品種，但在台灣則不太好種，長勢很慢，常常僵苗，有時暴長，有時一動也不動，越冷長越好，不夠冷時，花常常開得歪七扭八，扦插苗期更是難帶。

🌹 麻紀子風格：中輪、豐花、沒香味，但耐熱抗病

麻紀子和她婆婆完全不一樣，法式布盒就是很標準的麻紀子風格，圓圓小小包包的，像小湯圓一樣，皮實好養多頭叢開，植株耐熱抗病，花量也很不錯，花徑約 5 至 8 公分，除了盒子，麻紀子還有胸針、蕾絲編織、珠寶盒等，顯然她很喜歡歐洲古典風格，連取名都是，擁有她自己強烈的個人特色。

麻紀子的玫瑰，大部分不會一直抽長枝（珠寶盒除外），植株也不會太高大，開花量也不錯，因此我認為麻紀子的花，是陽台族不錯的選擇。

━━━━━━━━━ 栽培實錄 ━━━━━━━━━

法式布盒

河本麻紀子的經典品種，你看圖的花苞量，就知道開起來有多可怕，植株同樣不高，香氣很好聞，枝條較柔軟，可以用我之前提到的鐵絲花柱固定，耐熱抗病好種，是我很喜歡的品種之一。

蕾絲編織

這款花仙氣十足，中等香氣，花型特別，植株非常矮小（30至40公分左右），生長很慢，比較不好拉拔長大，但基本的抗病性不差，就單純慢郎中而已，初期建議摘苞養株盡量把她拉大再給開花。

紡紗

株型矮小，缺點是較橫張，耐熱抗病，長勢也好，花瓣排列真的很完美周正，中輪豐花叢開，淡香，花徑約5至8公分。

珠寶盒

這款花剛進台灣的時候非常轟動,也讓麻紀子的名字在台灣玫瑰圈廣為人知。綠色外殼包裹著紫色花芯,模樣真的很迷人。不過它是大灌木,株高可以有 150 公分左右(台灣有厲害的花友直接把它當蔓玫種),小空間要收它,得謹慎考慮,非常的吃光照,耐熱、抗病、不黑斑,適合露天種植,中輪豐花叢開,沒什麼香味,花徑約 5 公分,光照不足的話容易徒長枝條,不開花。

◎羅莎歐麗的幼苗時期需花心思、時間養護

日系木村卓功先生的羅莎歐麗品牌也非常知名，大部分都有絕佳的抗病性，耐熱性也非常好，與麻紀子一樣致力培育耐熱抗病的玫瑰，算是新一波的玫瑰革命。木村先生曾提到，未來的玫瑰，應該要以少農藥，耐熱抗病，植株強健為品種標準，

我目前大概有接近四十品左右的羅莎歐麗，大部分都是比較早期的品種，不是我不愛新品，而是時間真的不夠，因為種植量很大有點超出負擔，新品反而少進了。

早期的羅莎歐麗有一個比較大的缺點，就是不少品種在苗期很難帶，會僵住好一段時間不動不長，這段期間會比較辛苦，但只要過了一年，植株養起來了，再怎麼剪它，操它，折騰它，要死都很難，還會開花開到你煩。

以盆植來說，這些品種包含雪拉莎德、尤麗蒂茜、瑟西、夏莉瑪、新綠、水果、精靈女王、砂時計、賽西爾芙蘭絲、冒險家、麗拉。

以上這些品種拿到苗換完盆後，會發現它就是兩、三個月不動不長，這就是所謂僵苗，有時候可能會長達半年。

因此建議小苗換盆、不要一口氣換太大的盆（頂多換到 6 至 7 寸），也因為停滯不長，所以要偏乾養，注意控水，這期間可以給一點緩釋肥，（別想用肥去促使它恢復生長，基本上沒有用，所以有給基礎的肥就好）。

在夏天雨水多時，羅莎歐麗的小苗也會得黑斑（小苗原本抗性就會比較差），所以要適度噴藥，不要讓它淋雨（淋雨也會不好控水），等植株成熟，抗病性就會強很多。

左圖／Ady花田中的雪見模樣。

潘妮洛佩亞-羅莎歐麗

很多人會抱怨羅莎的苗初期難養難以度夏，就是因為任由它淋雨，水沒控好黑斑也沒預防，天一熱葉子掉光當然很容易悶根，或是被過多的雨水淹死。

其實不是針對羅莎歐麗品種的僵苗如此，對於其他品種，遇到僵苗唯一需要的就只有「耐心」，當幼苗覺得自己已經準備好了，自然會開始蹭蹭蹭的長，只要熬過一年，這些大器晚成的品種就會花開不停，如果有空間，更建議地植，羅莎歐麗的花大部分都很適合地植。

夏天，就算沒噴藥沒施肥，說有多醜就有多醜，但仍是頭好壯壯，依舊開花不斷，我也放養隨它們去，秋轉冬了才會開始修剪一下，對半砍，肥丟下去，就不管了，然後它們自己會再長起來，繼續炸花，每年如此。

羅莎歐麗開花性都超級好，植株成熟以後就是一直開，一直開，開不停，剪了就開，前面讓你難過，後面也讓你難過，前面難過是因為要等它等很久，後面難過因為太愛開花每天掃花瓣掃到你生氣。

雪拉莎德（大陸叫它天方夜譚）

羅莎經典入門品種，也是在大陸很受歡迎的一款，適合盆植，也適合地植，還是會有黑斑，但有固定噴藥或陽台族，就不需擔心。

花型極美，有美人尖，香氣濃郁，多頭叢開，花徑約 8 至 10 公分，小量種植的花友能精緻養護的話，夏天還是可以茂盛生長開花量也不小，極為耐熱，盆植株型可大可小，依靠修剪調整即可。

水果

這款很推薦給陽台盆植的花友，香氣濃郁，甜果香，株型矮小（40公分左右），花朵直立，一莖一花，花徑約5公分，要特別注意的是，肥料不宜過多，太多的話花苞太胖會打不開，約一般玫瑰1/2用量的肥份即可，開花性也很好！真的像一顆小果實一樣，非常可愛。

夏莉瑪

成株後的枝條也是纖細，但從苗期的抗病性就很強，雖然僵在那邊不長，但完全不長黑斑或白粉，一旦恢復生長就會迅速地長大，春冬的花更是仙到爆表，像荷花跟芍藥的綜合體，一莖多花，花徑約5至8公分，中等香氣，開花性極佳，盆植就可以長得很好。

賽希爾芙蘭絲

不管羅莎品種出多少，它永遠是我最愛的羅莎第一名，最吸引我的，就是它的花型（雖然有花友說這樣的花型很像發粿），但它抗病性超好，露天環境下完全不長黑斑，因為葉子稍微捲皺所以要比較注意葉蟎而已，中至大輪多頭豐花叢開，栽種起來花徑約 8 至 10 公分，一點都不小，開花性也很好，有淡淡的茶香。

精靈女王

這款據我所知，就連羅莎迷都很少有人種它，原因是它真的不太強壯。
其實我本身不太喜歡白色的玫瑰，尤其是切花模樣那種硬梆梆的花瓣又
高芯的白玫，但我對這種薄透像雪紡一樣的花瓣質感毫無抵抗力，再加
上它那圓嘟嘟的花瓣形狀和花片排列，特別好看。

女王的植株不會很高，陽台族絕對 hold 的住，雖然植株弱了點但抗病
性還不錯，葉子不容易生病，中輪叢開，花徑約 5 至 8 公分，強香，喜
歡仙女質感的花友可以挑戰看看。

　　　　　　　　　　右圖／尤麗蒂茜

冒險家

可以當大灌木也可以當小蔓玫養，它其實不弱，缺點就是長得慢而已，但植株很穩，抗病性佳，花型不俗，開花性也好，春冬的時候花色會偏黑紅，好看，強香，這樣的孩子很適合在陽台中當花柱養，株型不會長太快一下子就失控，不過由於長得慢，建議剛長起來的時候要先摘苞盡量把它拉大再給開。

尤麗蒂茜

很難看到盆植的一莖一花品種花量可以爆成這樣，沒特別多給肥，花徑有平均 12 公分，不僅香到不行，花型也像伊芙，但強健度又勝伊芙，耐熱抗病，株齡兩歲以後春冬每年都這樣爆。

瑟西

以前很多人超愛曬這品，因為它真的無敵美。生長很慢，株型低矮約60公分內，很適合盆植，強香，像羅莎歐麗版的藍月石，跟藍月石一樣是中輪豐花一莖多花，不喜歡藍月石老是抽長枝的花友可以考慮收瑟西替代，株型比較好控制，雖然生長慢但抗病性不差，黑斑白粉不太上身的，就慢慢養慢慢大。

雪見

這個小妞真的就是三年才會轉大人了。盆植的前兩年枝條過於纖細，花一開就四處垂，花型我也覺得不夠美，直到第三年冬天強剪後就變這個模樣。花朵有 10 公分左右，枝條直立挺拔每朵花都直挺挺的，花瓣波浪美到不行，像西班牙舞裙那樣，瓣數又多，側看還暈著粉紅，這種顏值完全把我以前對它的評價全面推翻。

左圖／第三年冬天開的雪見，波浪
　　　花瓣底部出現粉紅色暈染，
　　　真的是越陳越香。

第一年，枝條很細，看起來弱不禁風，花型開得也還好。

第二年，修剪後長起來花還沒全開，看起來株型還行，結果陸續開了以後株型就開始散了，花往四周外垂，我只敢從上往下拍，側看株型很不好看，花也不太美。

麗拉

取名自睡美人的神仙教母：麗拉，它的苗期真的是我認為羅莎中最難帶的，也是最多花友跟我抱怨最難帶可是又超愛的羅莎了。

苗期長得慢，不要一次換過大的盆，偏乾養，夏天過熱放陰涼一點的地方（但還是需陽光），只要能撐過一年就隨便養了。植株不高 60 公分以內，矮壯且開花性很好，香味中等，夏天花型也還是很完整，顏色也不會跑掉，耐熱性不錯，春冬花徑約 5 至 8 公分，這時候就真的是個乖寶寶了。

◎給新手的羅莎歐麗清單

　　除了上述苗期需細心照顧的品種之外，我想介紹從苗期就好帶，頭好壯壯，長勢很快，耐熱抗病，開花性也好，一試就可以上手的名單。

羅克珊

除了長勢佳，開花性好，抗病耐熱這些基本配備以外，它從小開花就很標準，重點是它這麼仙的模樣完全看不出來很耐曬，花瓣硬挺還有香氣，夏天仍可以開這麼包喔！只是中間的粉芯會變淡而已，中輪豐花叢開，缺點是株型橫張，不過這麼美左右兩邊位置都給它應該也是可以的，美女總是有特權嘛，株型稍微高一點（1 米左右），但很容易透過修剪壓制，我覺得陽台族還是可以入手的。

夢幻曲

從小的長勢就不錯，也很愛開花，缺點是小時候開花很像衛生紙，它可以當灌木也可以當小花柱養（所以株型稍微高大一點），不太生病，也很耐熱，真的是個好種好養好帶的省心孩子，香味濃郁，春冬花徑不小有 8 公分左右，花型單純就真的需要時間去熟成，第二年以後花會越來越漂亮。

園丁老班

超級好養，非常強健，植株比較大，可以透過修剪壓制，花徑大春冬有 10 公分，中等香味，好聞，天冷的時候鋸齒邊會跑出來，非常好看，花朵很大氣，一莖一花，花量很好，來花快，比較像切花玫瑰，花瓣硬挺持久，也是很適合新手增添信心的一品，盆植就可以長得不錯。

賽姬

建議地植或 1 呎以上的盆才能展現優勢，它的花色是那種很溫柔的杏色，跟它龐大的身軀有點不太相襯，來花總是一大叢一大叢，群開的時候花徑大概 5 至 8 公分，單朵開放的話花非常的巨大可以有 10 幾公分，以春天花量最巨，中等香氣，植株耐熱抗病，長勢旺盛，枝幹很粗，很容易出強筍，小缺點是刺非常多，要把它當蔓玫養也是可以。

潘妮洛佩亞

它的香味很甜，花瓣數不多，真的很像牡丹（花色也像），花姿飄逸柔美，抗病性也還行，長勢很快，開花性很好，雖然枝條柔軟但花不會垂頭，我覺得陽台族可以把它當成小花柱蔓玫栽培，刺不多很好整理，枝條細軟也好牽引，重點是開花性這麼好又強香，當成陽台小花柱 CP 值最高，這也是我大推的一品，想要試試看如何種花柱的花友可以用這品來嘗試，成品一定超級美的。

達芙妮

長勢極為快速,雖然不在進化系列,但我覺得抗病耐熱度都媲美進化系列,完全不生病,葉蟎也不愛,葉片健康飽滿,葉量豐厚,重點是從小開花性就極佳(圖為七月拍攝),花瓣持久,開到最後會轉綠,依舊非常有觀賞價值,如果要把它當蔓玫或花柱牽引的話,完全不用經過冬天脫葉處理花量就很大,稍微橫拉或盤繞就可以,四季開花不斷,小缺點是沒什麼香味,但真的非常適合新手,不過因為生長快速強勢,建議有一定的空間或可以盤成花柱再收它。

右圖／潘妮洛佩亞

藍色引力

目前最接近藍色的品種之一，這品我覺得還算適合新手入門，介質有調好學會如何澆水就可以把它顧得很好，藍色引力的開花性也不差，植株不會很大，非常適合陽台，抗病性也還行，黑斑雨季注意殺菌就好，不太會白粉，夏天移到半日照還是可以正常生長，初期建議摘苞養株，把植株養壯再給開，個人覺得比轉藍好養很多。

左圖／精靈女王

Lesson 9

伊芙、路西法、
加百列高存活率的養護法

伊芙，是近幾年最受喜愛的玫瑰品種，不是缺貨就是在缺貨的路上，除了花香、花型迷人，小苗也以超難養出名，幾乎人人都會折損，所以需求不斷。本章將分享如何利用控水、偏乾養，把每株到手的伊芙，和弱根系品種都養起來，提高存活率。

　　日系玫瑰發展史雖然沒有歐美國家久遠，但日本人對玫瑰的熱愛，可以從對伊芙的狂熱中看出，短短幾十年，就將伊芙從伯爵一品玩到 80 幾個伊芙品種，成為一個獨立系列，這大概是玫昂從沒想過的意外發展。

　　伊芙伯爵，是法國玫昂公司在 1983 年發表的玫瑰品種，花型美、香氣濃烈、花朵巨大，在台灣春冬花徑可以達到 14 公分。

　　自伊芙伯爵引進日本的那一天開始，日本人就顯得很熱衷，陸陸續續出現芽變品種，日本人也樂此不疲，玩伊芙成了全民運動，很多私人玫瑰園都加入其中，透過芽變、雜交，發展到有直系（芽變）、旁系（雜交），直至目前共發展出 80 幾個品種，照這樣的速度發展下去，伊芙在日本很快就會超過 100 品了。

伊芙幻夢，雖然是伊芙系列中最難養的前幾名，但它卻是在所有伊芙中讓我最喜愛的一品，圓潤飽滿的花瓣與花型，接近純白或全粉的花瓣，偶有機率在花瓣中出現紅斑的驚喜，與另一品伊芙錢特瑪麗非常神似，也有人說他們其實是同一品，但不論如何，它依舊是我心目中伊芙的第一名。

法國伊芙的香味和花型，讓全亞洲都異常喜愛

台灣和大陸目前也是伊芙粉絲只增不減，每年總是有一波波的伊芙狂熱，連冬冬玫瑰園也說，他們家永遠賣不夠的就是伊芙系列。其實伊芙在日本是切花型態，是腦筋動得快的大陸商人，進口伊芙切花回去做嫁接繁殖後，才讓伊芙成為盆栽品種。

其實以伊芙的生長特性，很適合養在陽台的盆子裡，因為伊芙怕熱、怕過濕，所以如果地植，土地的排水性若不佳，就不容易養好。養在盆子裡，可以因應季節光照和溫度，移動、調整位置，比地植挪不動，好操作多了。

而且物以稀為貴，越是不好養，大家越是想擁有。我入坑四年，每年的冬天到春天，伊芙都會熱起來，花友間各種競相曬自家的伊芙，然後一到夏天，這種「競曬」又瞬間安靜下來。

因為伊芙很怕熱，一到夏天就不太長，也不愛開花，有些甚至休眠，再加上伊芙對黑斑的抗病性很差，很多噴藥觀念不對或根本不噴藥的，伊芙很容易就死翹翹，所以，夏天不會有人曬伊芙，但等到冬天、春天，社團裡只要一有人開始曬伊芙，你就會陸續看到一個接一個，大家接力曬伊芙，每年都是這樣，樂此不疲。

栽培實錄

伊芙伯爵

所有伊芙的起源（聽起來就很偉大），就是這位美麗的伯爵先生，以伊芙系列來說，伯爵先生並不難種，只要季節對，長勢很不錯，開花性也好，伊芙直系就是怕夏天而已。

日本的條件和市場，持續做大伊芙系列的供給

其實在溫帶國家，包括歐洲、美國、加拿大、日本、韓國等，他們養玫瑰的難度，只有我們的三成，玫瑰對他們來說，就像我們養九重葛那樣，隨便種都可以爆花。

在日本伊芙是以切花的型式銷售，花友是買伊芙回家插花，不是買伊芙回家種，日本的切花生產苗圃，每個月以會員制方式收費，將一束配好的花送到會員家中（伊芙著名的培育者增田玫瑰園就是用這樣的銷售模式）。花道，在日本，不但是個獨特的文化，也因人口眾多經濟體龐大，對伊芙的需求，更足以支撐起許多小農苗圃，而伊芙在日本的切花市場，可以說就是東方不敗。

但在歐洲，就是只有伊芙伯爵，歐洲並不熱衷雜交伊芙的品系，主要是歐洲國家培育玫瑰是以庭園品種為主，而伊芙完全不適合當庭園品種，因為伊芙真的根系比較弱（根接只是強化長勢，並不會讓根接過的伊芙變強勢品種），加上株型不漂亮，歪歪扭扭的又橫張，不會長成很漂亮一叢的樣子，所以伯爵在歐美並沒有特別受歡迎，而是亞洲人偏愛而已。

台灣花友如何選種伊芙？

伊芙有直系和旁系之分，直系就是伯爵自己的芽變，旁系就是伯爵跟別的品種交配，理論上，旁系都是比較強健的，但直系就是跟原本的強度差不多，也有稍微好一點或是偏弱。

我的建議是，不管買什麼伊芙，一定都要買嫁接過的，生長態勢更快一點，才不會被虐得很慘，例如買冬冬的大接伊芙苗，一株 450 元，現在也有業者賣根接的伊芙，一株約 1000 元，不算太貴。

━━━━━━━━━━━━━━━ 栽培實錄 ━━━━━━━━━━━━━━━

伊芙乙女心、 伊芙許願之心

許願之心和乙女心，是伊芙旁系中相對好入手的玫瑰，兩種花都是粉色的，你也可以選其中一種就好，沒必要兩個都收，因為其實若不標花牌，分不太出來。

伊芙乙女心　　　　　　　　　　　伊芙許願之心

另外一款，雖然是直系，但是它長得不慢，也算強健，算是比較不難種的直系，就是伊芙飛濺。

　　伊芙同樣色系的都長得很相似，深桃紅色的就是伊芙伯爵、里奧（直系）、布朗，布朗的強健度與長勢最好（旁系），粉色的太多了，就不一一列舉，而飛濺是難得的絞紋款，目前有絞紋的伊芙，只有它。再來是妖豔，顏色雖是深桃紅但又有點不一樣，這個也可以種，巧克力浪漫的辨識度也很高，妖豔與巧克力浪漫都不難養，很適合新手入門。

───────────○ 栽培實錄 ○───────────

伊芙飛濺

伊芙飛濺有粉紅絞紋，辨識度很高。春冬的花朵花徑可以有 12 至 15 公分，濃香，直系中好養的品種。

秋日胭脂

秋日胭脂是我非常推薦的一款，是伊芙的旁系，很多人可能不知道，因為秋日胭脂在台灣馴化已經超過 10 年，是伊芙系列裡非常優秀的品種。

秋日胭脂的香味和顏值都非常迷人，更沒有哪一款伊芙長相、顏色與它相似，它還可以當食用玫瑰，但也是比較怕熱的，這是伊芙的通病。

養伊芙最怕的就是得黑斑，較不會有白粉的困擾。伊芙怕熱，但還是需要光照，光照不足很容易長不好，因為葉片小葉量稀少，本身行光合作用的效率就很差，再加上花開得又大又香極耗能量，光照不足的話很容易越開越虛，長勢變差，但只要溫度超過攝氏 30 度，就很容易又不長了，需光強又怕熱就是伊芙難搞的原因之一。伊芙在春冬花期，可以撐 5 至 6 天，但在溫暖的天氣下，大概 3 天。

什麼時候入手是養好伊芙的關鍵

難搞的伊芙非常多，我經手過最難養的就是伊芙光、伊芙白雪公主、和伊芙幻夢，都是直系伊芙，養一年後，它還是原來的高度，長得很慢很慢，尤其是自根的伊芙直系，想要把它養大就是一件很難的事情，這也是伊芙一直缺貨的原因。因為養到一半，夏天就來了，沒顧好，就掰掰了，但又還是想養，怎麼辦？就再買啊，不管花的品種如何更迭，大家永遠都缺伊芙。

其實大部分的花友都不知道，在夏天該怎麼照顧伊芙。例如去年秋冬才接觸玫瑰的花友，那你就會遇到伊芙最美的季節，天天看社團裡的前輩曬伊芙，想不愛上都難，但絕對沒有那麼快能收到，因為伊芙本來生長就慢，扦插苗的速度更慢，你要買到，也不是那麼容易，人人搶瘋頭，等你終於買到的時候，可能都已經快夏天了，像前陣子冬冬的伊芙開始陸續推出，但我知道已經快夏天了，不會入手。

很多新人對伊芙沒有概念，不知道伊芙是「進階版的種植者」才比較敢碰的品種，一口氣入了非常多伊芙，其實我真心不建議，在春末才入伊芙，因為這樣到夏天的時候，你會很辛苦。

秋天、冬天入伊芙，都沒問題，就算是你要入小苗，都沒關係，你要趁它還在生長期的時候買入，而不要在已經準備遭遇逆境的時候，才入小苗，因為有很大的機率，你根本養不活，過了一個夏天，還是得重新再買。

伊芙粉伯爵

伯爵的芽變，直系，但意外不難搞的直系，我覺得甚至比伊芙伯爵還好養一點，生長速度也不會太慢，很多人也習慣叫它粉伯爵，算是入伊芙坑可以先嘗試的直系之一，自根就不會太難養。

伊芙奶油伯爵

旁系，不過它沒有繼承伊芙伯爵的濃香，只遺傳到顏值，但好養很多，株型直立不會歪七扭八，比較乖。春冬花徑非常大，有 12 到 14 公分左右，相較於旁系花徑稍小這個普遍的缺點，奶油伯爵算是相當優秀，獨特的伊芙紅暈花邊也有出來，個人覺得比顏色類似的伊芙金漂亮許多。

伊芙雪吻

又叫伊芙雪伯爵，它跟粉伯爵難度差不多，溫度條件適當下跟粉伯爵一樣，會出現沿襲伊芙伯爵的鋸齒邊，每個人種出來的粉與雪伯爵都不太一樣，個人環境微氣候對伊芙系列花形花色的影響可以說是非常明顯。

伊芙幻夢

直系，很有難度，自根根本是地獄級，人生已經很辛苦了，絕對不要再買自根找苦吃，買嫁接過的比較安全。

伊芙白雪公主

母本購自冬冬，但目前冬冬已經停止生產（原因是因為真的很難繁殖生產），這株母本是自根，真的長得非常非常慢，建議喜歡的讀者還是購買嫁接過得比較省心，也是少數純白色系的伊芙直系，但它的白色很穩定，不會像幻夢一樣偶爾還是會開出粉紅色花瓣，嫁接過後難度就偏中等，有一定經驗的花友即可入手。

伊芙幻塔索斯

只要看到是旁系通常難度都會比直系小很多，但她仍算旁系中偏難養的一品，花徑較小約 8 公分，花瓣質感較硬挺，花期可以撐更久。

伊芙婚禮之路

這款算是很普遍的伊芙旁系了，它除了長的慢其實強健度並不差，耐熱性也好一點，春冬花徑可以到 10 公分以上，真的就是個大胖包子。比較特別的是它的香味並非伊芙純正的濃果香，而是沒藥香，香味也沒有很濃郁。

伊芙光

花徑約 10 公分，一樣是伊芙特有濃香，不過是真的很難帶，還是建議讀者買嫁接過後為上，難度高級。

伊芙的幼苗在台灣常常夭折，養不大，為什麼？因為伊芙非常怕熱、抗病性差，為什麼對玫瑰頗有講究的日本，沒有針對伊芙的怕熱、抗病性做改善？

　　因為伊芙在日本是以切花型態銷售，日本人不會在意伊芙植株強健與否，只有大陸和台灣的盆栽花友，會在意如何讓伊芙更強健。

　　而且日本的花農是以溫室管理的方式在照顧伊芙，只在春、秋兩季生產伊芙切花，夏天和冬天時，伊芙是休息的。

　　在日本買玫瑰苗是採預約制，就是今年十月就要預約明年春季的苗，等實際拿到花苗，大約是在明年的四月，因為日本二月時還是冬天，玫瑰都還在休眠。

　　所以今年十月就要預先搶明年的名額，搶到名額後，還要再等半年，才能拿到玫瑰花苗。而且每一家苗圃的開放預購時間都不一樣，花友要隨時注意每家苗圃的相關訊息，在日本想要買到最新、最心儀的玫瑰品種，難度真的很高，而且釋出的名額都很少，尤其是新品，例如羅莎歐麗每年春、秋兩季的新品預購，就跟搶演唱會門票一樣，相比之下，台灣花友真的是太幸福了，想買什麼都買得到，也不需要等那麼久。

伊芙仙王座

非常強健的旁系，抗病性很好，不太會得黑斑，葉子油亮深綠，耐熱性也行，夏天開的花會變粉紅色，但花型不會歪掉太多，花香也還在，算是旁系裡非常強健的品種。自根就可以長很好，所以伊芙的入門款，我推薦這品，植株不會過高，缺點是株型比較橫張一點，喜歡往左右長。

泡芙花園，株齡成熟後開出來的模樣就有伊芙的味道了，花徑約8-10公分。

我種 10 多品伊芙，最高齡三年，幼苗期長達一年

我有約 10 幾品的伊芙，最高齡的是已經種了三年的伊芙幻夢（冬冬大接），其實伊芙直系的習性都差不多，株齡成熟（三年）以後的伊芙，植株不小棵，強健度也不差。

我種的伊芙幻夢，第三年以後也會開始出強筍，並且有一枝多花的傾向，資料上有說，伊芙伯爵到第三年以後，就非常的強健穩定，看來是所有的伊芙直系，都要種到這個株齡，才會強壯，只要日平均氣溫在攝氏二十五度左右，伊芙就開始醒來，在春天、晚秋，冬天，伊芙都會很茂盛的生長，只有在夏天和秋天，天氣過熱的時候容易進入休眠。

泡芙花園

也是我極力推薦的旁系，根本就是開花機器，一年四季都不斷地開，耐熱性也不會太差，花型相當美艷，比較遺憾的是，泡芙花園沒什麼香味，味道很淡，枝條柔軟，植株矮小適合陽台，不過抗病性差，對黑斑的抗性不好，雨季時要注意殺菌。

伊芙長大以後，和其他玫瑰的照顧方式，並無不同，但伊芙直系的小苗時期（3 至 4 寸時，2 寸更是絕對的高難度），真的是比較難顧，因為生長緩慢，苗期拉得很長，其他玫瑰的幼苗時期是半年至 8 個月左右，但伊芙直系會長達一年，有些難度高的，可能還會比一年還長。

伊芙幻夢

直系裡難養程度排名前三，我的母株是冬冬大接，很慶幸買的是大接苗，不然真的會種到哭。伊芙幻夢的粉色球型花苞，真的就是推人入坑的大殺器。

伊芙直系的小苗根系弱，生長出奇緩慢且抗病性差

伊芙很難用壓枝促筍，或其他玫瑰養分枝的做法，因為無效，摘頂芽的方式還行，想辦法讓它從底部出芽，但這個扶壯伊芙小苗的方法，真的很曠日廢時，必須非常有耐心才行。

我當然也想過生產伊芙直系的自根小苗，但由於生長緩慢，葉片量也不多，能取下來扦插的枝條，我也捨不得（每片葉每根枝條都很珍貴），曾嘗試扦插過幾枝直系，但成功率極低，就算幸運存活，長根移盆後，那跟化石一樣的小苗，幾乎都不動不長，讓人不得不佩服冬冬玫瑰園，竟然能夠產出伊芙直系的自根苗。

嫁接伊芙時，也發現伊芙的芽點很少，甚至幾乎找不到可用的芽點，嫁接成功的機率也非常低。

伊芙的嫁接、扦插，為什麼存活率低，原因就是因為生長太緩慢了，而這個慢，就直接導致它會受到很多干擾，嫁接、扦插的傷口處，遲遲不癒合，這個傷口等於就是病菌入侵的捷徑，開放的時間越久，風險就越來越大。所以每一位買到伊芙苗的花友，真的要好好學會怎麼讓你手上的珍稀品種，活下去長得壯。

路西法、加百列的葉子、根系和伊芙一樣

玫瑰葉子的多寡和根系是成正比的，伊芙的葉子，和路西法、加百列一樣，都是細細、小小、長長的、很零星，因此就不難想見，它的根系也是稀稀疏疏的。我曾經從冬冬玫瑰園購買其他伊芙直系的自根苗，種了一年，還只是維持剛到我家時的高度，大概 20 公分，現在只多了冬

春長出來的二、三根枝條而已，葉子也依舊是零零落落的。

　　所以不管是新手還是已經有不少玫瑰種植經驗的花友，如果要入手伊芙，我真心建議，直系能買根接的是最好，買不到，就選擇冬冬的大接伊芙，旁系的話，長勢好的可以入自根，希望長快一點，就選嫁接。

伊芙金色

旁系的伊芙很多都沒什麼香味，就單純繼承伊芙的花型而已，伊芙金色跟奶油伊芙伯爵一樣。株型很直立，算是很棒的優點，株高大概 70 至 80 公分，不會很矮，花徑 10 公分左右，旁系長勢佳的，可以依照一般玫瑰的修剪方式修剪，長勢極慢的，就全年四季花下修剪就好。

根接是借用薔薇科的根系（玫瑰雖屬薔薇科，但經過多年人為育種近親交配，植株強度已經變得非常弱，這裡的薔薇科指的是野性較強的薔薇品種），將玫瑰的芽點嵌合進薔薇根上，透過薔薇根系，強化原本品種的強度。

嫁接用的薔薇根系，至少經過 8 個月到一年的養成（你就當成在養人蔘一樣，養得越粗越好），越粗代表根裡儲存的養分越多，所以它是在養分很充足的狀態下，再將伊芙芽點接在這樣的根系上，芽點的爆發性就會很強，所以植株長起來的速度會很快，可以大幅縮短伊芙的幼苗期。

- - - (栽培實錄) - - -

伊芙妖豔

是比較新款的伊芙旁系，也是我很建議收入的旁系之一，實花的顏色非常特別，花邊是深桃紅的裙帶，辨識度很高，花瓣有點啞光的質感，非常獨特，香氣也很濃。植株的長勢與分枝性也很好，株型低矮，很適合陽台。開花性也很棒，夏花變淡呈現粉紅色，是一款花型、香味跟直系差異不大的旁系伊芙，適合入門的新手。

伊芙只要顧好幼苗期，成株之後就不用操心了

冬冬的大接是將伊芙枝條嫁接在 5 公分薔薇莖上然後直接扦插，相當於扦插、嫁接同步，下面長根，上面接點同時癒合，根系的養成是從零開始，所以養的時間會比較久，但冬冬的大接相對便宜，價格約 450 到 500 元左右，等種植差不多一年後，根系長出營養根開始穩定，大接伊芙就會很壯，長勢也會開始不輸根接的了。

我的伊芙幻夢就是三年前跟冬冬買的大接苗，現在養在五加侖盆裡，已經三年了，很大棵且強壯，夏天仍舊可以正常生長，不休眠。

目前的幻夢（度夏中，2024 年 7 月 16）在樹下乘涼，被我拖出來拍照，比我想像的還要大棵，夏天我盡量不動玫瑰，有黃葉都不理，度夏中的玫瑰大都這麼醜，新手不用喪氣。

中間那一枝就是今年春天出來的強筍，很粗壯，由於一直維持花後修剪，所以植株越來越大棵，現在高到都無法剪花了。

伊芙直系的株型就是這樣歪七扭八，沒辦法調，但顏值超越一切，每開一次花，就會瞬間原諒它之前對我的折磨，這麼大棵夏天的水分不夠，我會在底部幫它加放水盤，維持一天澆一次水，就可以，天氣涼爽之後水盤再拿掉。

伊芙幻夢（2021年11月14） 目前的幻夢（度夏中，2024年7月16）

　　伊芙的難養，是難在前期，就是幼苗期的伊芙，只要熬過第一年，之後就不太需要特別擔心了，夏天時，我會把伊芙移到樹下（不論直旁系），避免全日照曝曬，讓它們在比較陰涼舒適的環境裡度夏。

　　夏天就是盡量把它移到溫度較低的環境（日照偏少也沒關係，只要仍有日照就可以），讓它保持涼爽的根溫，比開花更重要，這時期也不需要看花，要摘苞，幫它保存體力，盡全力留住葉子（露天一定要注意定期殺菌），這樣當生長期來臨，它才不會需要先長回葉子耗掉過多的養分，導致花開得不漂亮。

　　剛入坑時，記得我第一次去貓村，村長那時就說，伊芙是弱在小時候，長大以後真的就很壯了，當時我跟伊芙唯一合照，花大得跟我的臉一樣。

我種的伊芙唯一，直系，它雖然是直系，但並不會很難種，感覺跟伯爵先生差不多，它植株小小棵的，但花就很大朵（跟飛濺一樣），每個人的種植環境還是會影響花的色澤，稍有經驗的花友可以入手，伊芙直系絕對都是強香。

初入坑在貓村看到跟我臉一樣大的伊芙唯一

我自己種的伊芙唯一

伊芙要熬過台灣夏天和小苗期，就要學會控水、偏乾養

在台灣伊芙幼苗要熬過前期，怎麼熬？

1. 因為伊芙根系稀疏，生長慢（嫁接過的也一樣，根系基本上仍比一般玫瑰品種弱很多），所以水不能過多，盆土盡量調得排水一點，寧願讓它乾溼循環快一點，也不要讓水在盆土裡積留過久。

2. 既然水不能過多，伊芙的葉片量又少，蒸散慢，所以養伊芙的盆，也不能過大，一般玫瑰換盆的基準，就是比目前大 2 寸或 3 寸都可以（例如我賣 5 寸盆，到買家手上，就可以換 7、8 寸盆），但伊芙的話，就是新盆盡量不要大超過 2 寸，慢慢循序漸進地換上去。

―――――――― 栽培實錄 ――――――――

伊芙新娘

除了抗病性不錯、長勢佳以外，沒有特別的地方，是比較普通的旁系，它跟伊芙的特性相差滿遠的，就是不太像伊芙的旁系，中輪 5 至 8 公分左右叢開，沒什麼香味。

伊芙情人（禁忌感官）

我覺得它也是不太像伊芙的旁系，除了香味有遺傳到，非常的香，花瓣硬挺，開花性佳，枝條直立粗壯，分支性很好，葉片量也不少，雖然不太像直系的模樣，但它是我很推薦的旁系品種，主要就是很香。

苗期生長緩慢、根系孱弱的品種，都可以控水、偏乾養

　　路西法、加百列、佩爾朱克、妖花瑪莉等小苗的養法，跟伊芙小苗差不多，應該說，所有苗期生長緩慢、根系孱弱的品種，都可以這樣處理，你只要看到葉子稀疏、長勢弱的品種，都適合這樣養：偏乾養、盆土盡量不要過多，比較好控水，不過即使不是夏天，這些比較弱的品種，也是盡量要偏乾養。

為什麼要乾？我前幾章有提過，因為只有在土微乾的情況下，玫瑰的根才會積極的去伸長根找水，給它一個逆境，迫使它想要去找水喝，把根伸長。

　　但也不能太刁難它，還是要讓伸出去的根找得到水，所以我才說，乾就是讓它微乾，再澆水，一旦澆水，就是全面的澆透水，讓它伸往四面八方找水的根，都喝得到有氧水，根發覺吸得到水了，就會樂得開心地長葉子，這樣子的循環，讓根系有乾有濕，它的根和葉子就會很穩定地持續強壯。

　　「乾長根，濕長葉」完全就是伊芙的成長口訣，其實一般玫瑰，也是偏乾養，才會長得最快。原理就是要給玫瑰逆境、又有順境，這樣子去刺激它，玫瑰才會動起來。

用木枝實測，只要看到乾掉 1/3 ，就可以澆透水

　　對新手來說，我之前講的那種辨識何時可以澆水的方法，還是聽不懂的話，羅姊有提供一個比較明確的區別方法，大家可以參考，先備幾支長一點，超過植株長度的乾木枝或竹片，插進盆裡再抽出來看，在木片上濕與乾的顏色絕對不一樣，你可以用這個來辨別是不是需要澆水，不論季節，最低大概就是乾 1/3，就一定要澆水了。

　　夏天可以比 1/3 還濕一點的時候就補水，因為夏天天氣熱蒸散快，這時若還等到 1/3 才澆，可能會太乾，所以天熱的時候，可以乾 1/5 至 1/4 就澆水 ，這個方式，只是讓新手有一個比較明確的數字， 可以依循，新手一開始用工具輔助自己澆水，慢慢的，你看盆面就會知道，大概什麼時候需要澆水了。

還有另一種做法，如果你種的盆不大，你可以先把水全部澆透以後，拿起盆子惦一下重量，感受一下，要澆水的時候，再拿起來感覺一下，如果盆的重量還是很重，就不用澆，拿起來覺得盆子有點輕了，就可以澆水。

　　這時你可以再驗證之前的講法，試著稍微撥開土表（1 至 2 公分），裡面的土若感覺鬆鬆的，摸不到什麼水分的話，就是可以澆水的時機。

栽培實錄

伊芙銀色

真的很不好顧，根系很弱，花徑不大約 5 至 8 公分，但是濃香到不行，它的粉是比較灰茶色調，作舊般的粉色，彩度低，是辨識度很高的伊芙品種，花型就是標準的伊芙，是花友們特別喜歡的一款，算是直系伊芙裡的人氣品種，跟幻夢一樣，是養護難度最高的層級。

伊芙瑪蒂諾風琴

是少數蔓玫品種，大陸地區對它的評價都是長勢快、開花性好，但以我實際種植兩年的感覺（還是自己嫁接過的），它枝條伸的速度是比伊芙快很多，但以蔓玫而言，它很弱，沒有蔓玫該有的狂野與長勢，撐不起一片牆或花柱，兩年來，開過的花一個手掌就數完了，是很香，顏值也很高，但無法擔起蔓玫的名頭，有前輩說它適合在比較冷的環境，長勢跟開花性才會好，所以我認為它不適合陽台。

伊芙許願之心

伊芙度夏重點：散光、不要淋雨、避免掉葉子

　　如果你在去年秋末入手伊芙，它也順利的長大，那麼在今年夏天來臨時，要不要挪動它的位置？基本上，所有的玫瑰，在夏天都只要半日照就好，可是如果空間有限，比較不怕熱的，就拿來當擋太陽的第一排，但像路西法和伊芙這些怕熱的品種，就不要讓它們放在太陽直曬（或日照最久）的位置，可以放到散光處或有遮蔭的地方（有日照就好），只要不讓它黑斑、掉葉子，葉子保住，然後控好水分，路西法和伊芙都可以保活，切記，不要把它們放在容易淋到雨的地方，如果只能放露天，也要盡量做到定時噴灑殺菌預防黑斑，介質盡量調得透水一點，它們就比較不容易在夏天掛掉。

伊芙芳香情迷

新人適合入手的旁系之一，右圖是夏天8月開的花，左圖是10月開的花，夏天能開成這樣，真的無可挑剔，非常耐熱，開花性極佳，抗病性也比一般的伊芙好，長勢穩定，自根就很好養，天氣冷的時候花朵會很包、很大，而且是深紅色，像絲絨一樣漂亮，強香，非常推薦的旁系品種。

　　但是也不能放在完全照不到陽光的地方，玫瑰畢竟是喜光植物，而且因為孱弱的品種與伊芙系列，能行光合作用的葉片量，已經比普通的玫瑰少很多，若再讓它們沒有光，它們會完全不長，甚至虛弱到死，當無法行光合作用，植株就會變成光在消耗養分，而沒有辦法製造養分，如果你家較涼爽的地方真的不多．有也是沒有日照的環境的話，就一週讓它們曬三天、休息兩天，放回陰涼處，也是可以，換個方式度夏。

我覺得最省心的方法，還是幫它們找到有遮陰的地方，半日照，是最完美的狀態，也就是要避開中午溫度最高的這個時段，才是對它們最友好的度夏方式。

孱弱品種和伊芙的警戒線，就是攝氏 30 度，只要氣溫一飆到 30 度以上，就要注意盡量不要全日照、直曬陽光，可以散光或半日照，避開中午溫度最高的這個時段直曬太陽。28 度以下，我覺得全日照就沒問題。

光桿的伊芙、路西法、加百列如何度夏？

夏天最容易出錯的點，就是不小心讓伊芙和路西法、加百列淋了雨，或是種植環境過於潮濕，不通風，又沒有即時或定期噴黑斑藥，導致染病，葉子脫光光。

對於夏天光溜溜、沒葉子的伊芙和路西法、加百列，呈光桿兩三枝狀態，不動也不長，要怎麼度過夏天？

與前面章節有講過光桿玫瑰的照顧方式相同，盡量讓它在有遮陰又照得到日照的環境裡，好好休息，只要保持水分控好，即使枝條光禿禿，很礙眼，你也不要剪，此時絕對不要動它，因為它就是在睡覺，你就讓它睡，在它睡的這段時間，你把水分控好，千萬不要長期過濕，偏乾養，也不要給肥，你給肥，它也不會醒，所以沒必要給。

你不用想說夏天天氣熱，不澆水，怕伊芙會失水，不用擔這個心，因為大部分伊芙夏天如果掉成光桿的話，一定會休眠，等於動物在冬眠，這時它所需的熱量會降到最低。

伊芙也一樣，它在休眠，所以它需要的水很少，你不用澆得太多，

但是一旦要澆水，就要澆透，因為你需要把盆裡面的氧，全部換掉，要讓新鮮的氧氣灌進土裡。

夏天照顧玫瑰只有一件事最重要：保活，這比看花還是調整株型都重要，夏天玫瑰們已經很辛苦了，就不要再給它壓枝，或者是放過多的肥料，希望它們繼續旺盛生長，我覺得這些動作真的就是讓花更受苦而已，不如讓它們把養分拿來對抗逆境，為將來的花季儲存體力，才是度夏的重點。

想辦法讓盆內根溫維持舒適，讓玫瑰在一個較涼爽的環境度過夏天，它才有本錢在接下來的秋春冬綻放美麗的花朵。

栽培實錄

伊芙巧克力浪漫

是新進來台灣的旁系品種，台灣伊芙界從去年底開始增添很多生力軍，不少都是很好顧且乖巧的伊芙旁系，除了妖豔外，巧克力浪漫我也很推薦，花型是典型伊芙，香氣是中等香味，花色復古粉系偏茶色，辨識度很高，伊芙直系的優點，它都有，植株強度不差，稍微注意黑斑殺菌就好，這款比較特別的是，它是荷蘭育種，日本發表，植株很耐熱，夏天開花性也很好，花徑小一點但生長還是很旺盛，適合新手入門。

秋老虎真的會一刀斃命，伊芙 11 月中才給肥

夏天如果伊芙休眠了，它醒來的時間會比一般的玫瑰晚一點（天生的慢郎中），所以不要看到其他玫瑰醒了，就連休眠中的伊芙也一起下肥。

尤其是像伊芙這種比較脆弱的品種，在面對秋老虎時，是比一般的玫瑰，更加不堪一擊的。

肥份的釋放，是越冷越穩定，越緩慢，可是天氣一熱，肥份的釋放就會變很快，我發現，很多人的玫瑰不是被淹死，就是被肥死，別以為肥死這種事不會發生在老手身上，有時候過度自信也是會犯這種錯誤，包括本人。

剛醒來的玫瑰（這裡指從夏季休眠中剛恢復生長的玫瑰），不管是伊芙或其他品種，真的不需要太多肥份，因為夏天的重創導致植物產生危機意識才休眠，這時應該先想辦法讓它恢復正常生長後，才能給大量的肥。

所以我建議，伊芙醒來身體養好恢復後，在台灣約是十一月中左右，再恢復正常給肥，盡量不要在十月就給肥，因為台灣每年的夏天都在延長，以前大約在十月底天氣就會涼了，但去年直到十一月都還有點熱，其實我去年沒有下秋肥，很猶豫到底要不要下肥，因為天氣還是太熱，如果你一定要下，那麼就請減量減半，先下少一點，等確定溫度夠涼，你再補回當初少下的份量。

右圖／伊芙幻夢

在陰涼處納涼的伊芙小姐們（2024/07/16，中午約1點半拍攝，氣溫約35度）。

　　我想說的是，每年的氣候都不太相同，也許今年很快天氣就冷下來，結果明年又不是了，現在氣候變得極端，已經無法照著節氣或固定時間給肥，我們種花也要跟著應變才是，切勿死板的照前輩告訴你什麼時候該下肥，你就下，或是看國外的影片就學著做，你必須考慮到你所在地區的氣候狀況，自己找出下肥的時間點，也許每年都會不一樣，所以我才會學著用平均溫度當成下肥的基準點，而且至少要兩週以上的平均溫度，都是穩定型態，才能算是真正進入可以給肥及修剪的時間。

　　請記住，晚點給肥，花並不會死，但過早給肥，或是無法應變的給肥方式，都有可能造成玫瑰的死傷，寧願晚一點下手，也不要冒著風險給肥。

　　只有讓你的伊芙順利度過一個夏天，能持續正常生長，或是即使有休眠，它也能成功醒來並安然無恙，繼續長大，這盆伊芙才會真正屬於你，才是你的伊芙，才有你與它的第二年、第三年，而不是永遠都只有買回來的第一年，就再也沒有然後。

右圖／木星

產地見學：直擊冬冬玫瑰園

楊文禎：種玫瑰要學會的技能，就是忍耐

每個月，只要是冬冬玫瑰園上架的日子，就是全台玫瑰花迷的大日子，下午五點半揭曉當月的菜單，六點半開放VIP會員購買半小時，七點開始全會員銷售，這是大家拚手速、搶買單的時候了。不用十分鐘，就會在各大玫瑰社團臉書看到：「我又沒搶到衣服（伊芙系列）！」的哀嘆。冬冬玫瑰花苗的特色之一，就是他的3.5寸苗等同其他賣家的6寸苗大小，而且還帶著花苞，至今仍記得第一次收到冬冬的花苗時，開心到飛起來的心情。

採訪當天，冬冬玫瑰園的負責人楊文禎就從幼苗區開始介紹起，最先看到的是他拿起插在花盆裡的兩個牌子，粉紅色牌子標記扦插的時間（去年11月26日），另一張淡黃色牌子標記換盆的時間（今年2月3日）。

日常冬冬管理上千株幼苗，這兩張花牌上面的註記，就是關鍵密碼。

在冬冬的幼苗溫室裡，永遠都是滿坑滿谷的花苗，很多都還帶著花苞。

　　兩個月巡看一下扦插的根，若根已經飽滿，就從 2 寸黑盆換到 3.5 寸大黑盆，有些品種可能需要更久的時間，根才能長滿。所有工作人員都必須知道，牌子插在哪裡，代表什麼意思，牌子一定是插在這個品種的最後一棵，這樣才可以做分類用。

　　從扦插進 2 寸盆到長根，是第一階段，時間大概是 25 至 30 天，這時還不算是馴化，要等一個月後，才可以把它移到有太陽的地方，然後再經過一個月，這才叫馴化。

　　馴化完成，就可以移到 3.5 寸盆，讓苗繼續生長，再經兩、三個月後，植株健康枝葉茂盛時，才會上架販售，從幼苗到大苗，就是經過兩個循環。

　　也就是說從扦插到植株枝茂盛葉上架，約需四個月的時間，這也是為何我第一次收到冬冬花苗，感覺它生機盎然，看到強健的植株而開心不已。

魔鬼藏在細節裡

　　冬冬的苗之所以如此優質，是有原因的，楊文禎公開他種植玫瑰幼苗、成株、母株十年的經驗有三大重點。

2.玫瑰園所在地草屯的陽光比較充足，通風比較好。

1.選用的土講究疏鬆透氣，他不藏私公開用土是傑達園藝的玫瑰專用土。

3.很講究肥料，從2寸換到3.5寸的盆時，會在底土三分之一處加15克已經混合的緩效肥（有顏色的）、有機肥（黑色的），然後在肥料上再加一些土，再把玫瑰種上去，不會讓玫瑰的根直接發放肥料上。
基本上陽光充足，避免受到蟲害、病害的侵擾，另外每週都會進行殺菌、殺蟲，要很勤勞，兩個月後再摘花苞一次，三個月後就會長得頭好壯壯。

　　除了這三大重點外，冬冬還採用自動噴霧的設施，因為要照顧品種多達一千五百種，每個月銷售五千多株苗，每個月至少要換盆五千棵以上才夠賣的園子，不僅要有效率，更需專業及科學方法。

冬冬玫瑰園負責人楊文禎夫婦及母本區裡的各式玫瑰品種。

分區管理，生產銷售一條龍

冬冬玫瑰園共有六分地，包含三個部分：1. 母本區、2. 扦插區、3. 商品區，三個區域的管理方式各有不同。

母本區重視生生不息，不過多的修剪，不使用殺草劑；幼苗區重視日照、濕度管理、需要根據日照強度與植株成熟度來調節濕度與日照；商品區則是重視病蟲害的管理。

簡單來說，春、秋兩季適合繁殖，就是要把母本區顧好，才有辦法生產出健康的苗株，有健康的苗株對商品區的發育至關重要。

母本區裡的植株種了兩年多，現有 1500 株，都長得非常漂亮，尤其葉子非常茂盛。楊文禎說：「我們就是有用心在養葉子」，他時不時會來巡一下，而且不敢用自動灑水系統，因為怕系統壞了就慘了，因此採用半自動。

除了顧好現有品種，新的品種也源源不斷進來。採訪當天，入口處就有好幾盆預備選手（都是新品種），正準備地植。

不只選種，改良土質是基礎。像母本區溫室的這塊地原本滿貧瘠，剛開始種植時，發現土上的水都積滿了，但是挖開土，就發現底下的土都是乾的，經過不斷的改善，才變得比較好種。一層厚厚的雞糞加稻殼覆蓋，加稻殼是為了讓雞糞吸收水分。之所以覆蓋雞糞，除了養分，還能抑制雜草，而且讓太陽不會直接照射土壤，讓土不容易乾掉。

如果管理不當，病蟲害也容易由此而來。夏天品質低落，母本區要休養生息，會把已經結花苞的植株摘苞，且要留意葉蟎，噴殺蟎藥控制密度，不讓葉蟎咬植株，因為一旦葉蟎沒控制住，將會影響秋天的生產。

每年的7、8、9月，溫室頂上會蓋黑網，因為太陽太曬了，而且冬冬每年的8月（太熱）和2月（宅配繁盛期，花送不及時）是不宅配花苗的。

扦插區則要做好遮蔭跟濕度管理，如果噴霧系統出問題，可能讓扦插苗付之一炬。商品區也要摘苞並加強葉蟎防治，寧願一整個月不出貨，也不要把容易栽培失敗的風險讓客人承擔，冬天從10月開始到隔年的清明節前後，則特別注意白粉病的防治。

重建溫室，將花苗規格翻倍

走上生產銷售一條龍的這條路，「母本自己種、扦插自己來、換盆也是自己換，自己賣出去」其實是經過一番家庭革命。

楊文禎回憶從小就看著爸爸種玫瑰花，當他跟父親說也想要種玫瑰

看到這區都是藍色的花盆，就知道這區是羅莎歐麗的幼苗專區。

時，父親還說服他去種樹不要種玫瑰。

當年，高壓苗當道，成本高且繁殖速度慢。中興大學朱建鏞教授開發並大力推廣玫瑰單節扦插，1993 年，冬冬從切花生產轉換跑道，轉型成玫瑰種苗生產。使用扦插繁殖，改進了玫瑰的繁殖方式，價格低且能大量繁殖，開啟了玫瑰扦插的商機。

扦插必須有溫室才做得起來，當時家裡雖然也有溫室，但已老舊。父親是把玫瑰苗生產好後，用貨車載去給花農接著種，一棵花苗 10 元賣給花農，花農再賣出是 100 元。30 年前楊文禎就看到商機，而心裡盤算的是，要自己生產自己販售。

當楊文禎 2014 年完全接手玫瑰種植時，第一步就是大手筆重建溫室，蒐集更多品種，將花苗規格翻倍，難免會跟父母觀念相左，但他很堅持維持現況是不行的，必須提升品質，才能走遠。

從原本 2 寸盆幼苗，改成 3.5 寸盆新苗；參考國外介質調配，並根據台灣高溫多雨的環境加以改良，有了理想的介質後，玫瑰生長獲得大步飛躍。品種陸續增加，從 2014 年大約 500 種到目前已經達 1000 多種，每次上架至少都能有 200 種，旺季時更能達到 300 種。

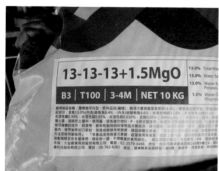

當扦插小苗長勢穩定，就會移株到 3.5 寸黑盆，這時會在盆土近底部位置加一匙圃樂施平均肥，就是這些藍黃顆粒的肥料，讓小苗可以一直長得壯壯的關鍵。

建置網站，結合購物與知識分享

正式接手玫瑰園，同年也建構完成新網站，除了買賣機制之外，也增加了玫瑰相關的知識結合，讓客人可以在網站上找到喜歡的花苗之餘，還能了解玫瑰的種植，並增加了分享的功能，每位註冊的會員都能將自己栽培的成果，貼在「會員展覽館」讓花友點讚獲得成就感。

新網站原本預計可以同時讓一百個人上線，沒想到在新冠疫情期間，冬冬每個月上架時，常常瞬間就湧入四、五百人上線，所以網速卡卡，讓楊文禎一度有了上架恐懼症，「因為上架後我又要被罵了。」只好再改善頻寬，原本是一年兩萬元的網站流量承租費，現在是一季就要兩萬元，不但把頻寬升級，還建置了一個獨立的伺服器。

而且今年四月又提供一項新功能，就是每個會員都可以有自己的專屬欄位，可以把客人最想要的品種，寫下來，就可以優先拿到寫在專屬區的玫瑰。

　　冬冬的玫瑰網站，有另一個特點，讓會員特別喜愛，特別有尊榮感，那就是會員可以自己選擇出貨時間。

　　重視 VIP 會員的需求也是另一個特點，當收到：「我都是 VIP 了，為什麼還是買不到？」的抱怨時，他都特別在意，例如 2023 年大家搶破頭的品種「加百列」，賣了 700 棵以上，2024 年就比較沒聽到「買不到加百列」的哀號聲。「我們家東西要多，人家才好買。」正因為心中有客戶，網站隨著會員人數增長，服務項目和頻寬也同步升級，會員人數增加，雖然是每月上架一次，但員工幾乎天天都在包裝客戶的訂單。

更新嫁接技術，花苗更強壯

　　一路不斷將自己的種植實力進化後，國外品牌陸續將冬冬作為合作的優先名單。2014 年新網站成立後，獲日本羅莎歐麗（Rose Orienlis）青睞，2017 年指定冬冬為其在台灣為代理生產業者。

　　冬冬現在一年可以賣出六萬株苗，為提升玫瑰的質和量，楊文禎又做了另一項突破。三年前就開始做嫁接苗，現在找到更好的砧木，更是放量在做，他希望冬冬將來的產品是以嫁接苗為主。

　　為什麼嫁接苗比較好？楊文禎說，因為嫁接苗的砧木長根的速度快且茂盛，反映在接穗上（接穗是接在砧木上的枝或芽）的表現就是出芽快、分枝多，一些扦插苗弱勢的品種，經嫁接後完全改頭換面，例如砂時計、西哈諾、路易斯卡羅。

冬冬花了超過一年的時間訓練，讓所有員工都學會如何操作新的嫁接方式，而這項新技術，將是冬冬未來的新武器。

　　傳統的枝接、芽接技術在大量生產上遇到了瓶頸，因為需要在田間操作，遇到雨天只能擇日再接，遇到大太陽可能中暑，所以冬冬改用合接方式生產嫁接苗，最大好處就是可以在室內操作，不受氣候影響。

　　所謂合接是將砧木上部斜切 30 至 45 度，接穗的下部斜切 30 至 45 度。使其上下合併，用夾子固定（也有人用嫁接膜固定，但要大量且快速生產，用夾子最理想）。

　　最後像扦插法，將結合的合接苗扦插在土裡，置於自動加濕的溫室內 15 至 20 天即發根，接合處會產生癒合組織。經馴化一週後，將夾子拿掉。再馴化 20 至 30 天即可移植，他隨手拿起一株今年 1 月 19 日扦插的苗，2 月 19 日就長很大了

　　嫁接苗和自根苗換盆後的長勢就是不一樣，嫁接苗初期就可以長很快，會比自根苗更快達到成株的狀態。因此楊文禎建議消費者買嫁接苗，因為嫁接的頭比較勇健。

冬冬老闆給玫瑰愛好者的養植建議

　　網路上廣為流傳的教大家壓枝影片，楊文禎覺得其實不必要，他說，玫瑰花苗一開始長得怎麼亂啊，橫啊，歪的，都不要理它，因為它就是營養枝，養久了，自然會出基部芽（主芽），枝條自然就直了，而那些橫的、細的營養枝，都是要剪掉的。

　　楊文禎建議，其實盆栽玫瑰不需要那麼多枝條，在六枝內就可以了，修剪的重點是讓每枝長度均等，才能平均受光，因為長太密，容易招來病蟲害。

　　台灣因為高溫、多濕，病蟲害免不了，楊文禎說：「種玫瑰要學會的技能，就是忍耐。」忍耐玫瑰醜的時候，忍耐玫瑰長不好的時候，不要看它不高興，忍耐它季節不理想，它自然就長不好，病蟲害就多，但是春天、秋天玫瑰就會變漂亮。因此要在玫瑰變漂亮之前，多學功夫，例如如何施肥、學習修剪。

　　想要玫瑰花長得很漂亮，就得要很努力。如果花友只要有花就很開心，那就用三分的努力就好，例如有病蟲害，但不嚴重，你就放過它，不要有一點點狀況就噴藥，有蟲可以用水沖，就把種玫瑰當作怡情養性。

　　有些花友看到一有問題就馬上處理，噴藥，不容許葉子有一點瑕疵，其實植物就是會有新陳代謝，新芽和老葉並存，老的葉就是會有一些風霜的痕跡，無法避免，即使是在拿來拿去的過程中，葉子難免被刺、弄破，會有碰撞，如果你接受不了，痛苦的就是你。

楊文禎舉日本羅莎歐麗品牌創立人木村卓功為例,即使像他這樣有經驗的育種家,也會採選種,在田邊觀察 5 年、10 年,發現在抗病、開花各方面都理想的花種,才會推出。

所以消費者種玫瑰也要多方面查詢,不能只看玫瑰的花,要了解它的特性,它是高是矮,是否抗病等等。楊文禎的建議就是:種玫瑰就是要找到適合你的品種。剛入坑時,會看到花漂亮,就什麼品種都買,但種久之後,就會發現,什麼品種適合你,要捨得換,其實就是要找到適合你家環境的玫瑰。

Q1: 請問台北客人有占到您客群的 6 成嗎?或是 5 成?會讓您驚訝嗎?為什麼?

A: 在台北這樣的都市叢林,對玫瑰有兩個主要不利因素:一是日照不足、二是環境不通風,但還是有相當多的北部客人選擇種植玫瑰,高峰時期北部訂單占到 5 成。

其實不需要驚訝,因為玫瑰就是這樣吸引人,加上北部花友社團曬出的美照,很多人相信,同樣位於台北、新北,別人能,我為什麼不能?

Q2: 台北客人的特色和在意的點,是什麼?和其他區域,中,南部有哪些不同?例如您那賣得最好的十大排名玫瑰花,是否和台北客人有大關係?

A: 我覺得客人對品種的喜好跟是哪裡人沒什麼關聯,銷售第一名的加百列,北中南客人都愛。只是北部寸土寸金,客人更追求心中理想的品種。

Q3: 您有因台北客人的建議、反應而改變什麼的例子嗎？

A: 曾經有北部客人希望我們在品種的介紹裡加上是否耐陰，但我很**老實的跟他說**：少於 4 小時的環境就不要種玫瑰了，而且我們也沒辦法知道品種的耐陰性。

這時客人會問：加裝植物燈可以嗎？確實有客人用燈養出不錯的玫瑰，但何必呢？玫瑰開花需要大量的日照，只給他螢光之火，不覺得玫瑰太可憐了嗎？

Q4: 請針對盆栽、陽台族給出從難到易的 5 組玫瑰花，每組三個花品名建議。

A: 因品種繁多，還滿難選的。

難（請資淺種植者別踩雷）：1 路西法。2 瑪莉玫瑰。3 伊芙幻夢。

稍難：1 加百列。2 伊芙光。3 紫色陽台。

普通：1 藍色大地。2 酷玩。3 蘇芬。

稍簡單：1 河本魅力。2 果汁陽台。3 雪拉莎德（羅莎歐麗品種）。

非常簡單：1 柯林克萊文（羅莎歐麗品種）。2 溫暖。3 羅賓。

產地見學：直擊豐原江家玫瑰園

江欽賀：漸進式種玫瑰，成就感最高。

切花市場上，粉橘色的凱薩琳一直深受市場喜愛，出品者正是來自豐原江家玫瑰園。負責人江欽賀，25 年的玫瑰切花栽培高手，善用經驗和技術，在平地逆勢種出優質玫瑰切花。是第一批申請新品種權的花農之一，不管是切花，或是近三年擴種食用玫瑰，一直都是花農先鋒。

江欽賀在和他最有緣分的鐵達尼切花棚裡修剪枝葉。

江欽賀培育20年的鐵達尼玫瑰，切花堆疊在一起的震撼美感。

　　台中豐原於民國四十八年開始了玫瑰切花的首頁，前輩們勤奮的努力種植，使得豐原的玫瑰種植面積一度高達 50 公頃的風光場面。當時豐原有切花產銷班，江欽賀的表叔就是產銷班的班長。

　　江欽賀原本就學園藝，晚上學插花，後來轉往園藝公司上班。在玫瑰種植的鼎盛時期，正值 30 歲時想成家立業，於是成了產銷班裡最年輕的花農。沒想到，25 年過去，他成了豐原目前僅存唯一的切花達人。

自己摸索，種玫瑰也種草

　　31 歲開始種玫瑰，雖然家鄉裡有不少前輩，但花農會種不會教，他只好自己摸索，後來他的做法和其他人竟然都不一樣。例如不同於一般花農只在冬天種玫瑰，他在夏天也會種玫瑰，一樣有花可以採收、販賣。

　　江欽賀會特別篩選玫瑰田中走道上的雜草種類，專種長不高的雜草，因為雜草具有保水、保肥、降低土表溫度的作用，所以看他的玫瑰田，雖有長草但維護得相當整齊清爽。

在江欽賀的玫瑰園中，連雜草都是經過他精準挑選過的品種，長不過膝，且根部不會吃土過深。

　　剛開始種苗時，江欽賀一邊還在上班，因為玫瑰種下去，要八個月才能成株，這期間不能沒有收入。直到爸爸提醒他這樣種玫瑰撐不到半年就會倒了，他才下定決心辭掉工作，專心種花，這一種就超過 20 年了。

　　從四分、五分地到今天的一甲地，江欽賀說自己一直把玫瑰當自己家人和小孩看待，尤其在夏天的時候，他真的覺得玫瑰很可憐，那麼熱，玫瑰還是努力的為他生產有收入，他很感動，當然要對玫瑰好一點，這麼多年來，玫瑰早已經是江欽賀的事業合夥人了。江欽賀說自己投資很多心力在這片土地上，雖然走得慢，卻越更珍惜這片土地。

從露天到溫室，種植成績漸漸好轉

當時產銷班裡很多人種新香檳和黛安娜，但他們都是種在溫室裡，而江欽賀是露天栽種，只要一下雨，就什麼都沒有了，江欽賀種植玫瑰的頭 3 年幾乎沒有收成，直到第 4 年，蓋了溫室，問題解決了一半，花況才穩定下來。

雖然雨擋住了，解決了一大半的玫瑰問題，但前 5 年，露菌病、二點葉蟎的病蟲害較麻煩，因為打蟲藥都不便宜，但為了種出成績，咬牙也得買。

切花市場的行情有分最高價、上、中、下價，他希望自己的花價在中價左右。3 至 4 年後就一直居上價，因為花卉市場的價格，跟花農的長期表現、耕耘有關，江欽賀說，花農必須有長期穩定的供應量和品質，才會被承銷商認識，一切成績都要靠累積。

從鐵達尼芽變出來的粉橘色凱薩琳，花朵大，且有波浪花邊，花容超級大器，具有名模風範。

鐵達尼出現芽變，和冬冬老楊一起栽培新品種凱薩琳

種了 5 年之後，江欽賀從早期的切花新香檳和黛安娜，改成以鐵達尼為主力，種了近 20 年，從中種出了新品種凱薩琳。

粉橘的凱薩琳就是從鐵達尼的芽變中篩選出來。「你看一朵花若不是純色的白、紅、粉，花的外圍或深的顏色線中有別的顏色，培養久了，就有機率得出那個顏色的花出來，因為這朵花中有那個顏色的 DNA 在其中。」鐵達尼的花沿就是有橘色，江欽賀才能種出芽變的粉橘色凱薩琳。

因為鐵達尼的抗熱性是真的比其他玫瑰強，所以江欽賀一直都有種。發現鐵達尼芽變之後，江欽賀和冬冬玫瑰園老楊就有一段相當緊密的配合。他開始勤跑老楊的苗場，把芽枝條請老楊協助繁殖，再回來試種，觀察開花性、性狀，適不適合當切花？

江欽賀說，玫瑰因品種多，芽變的機率是百萬分之一的機會，種多了，就有很多芽變的機率，當然還要有一點運氣。

江欽賀成為第一批申請新品種權的花農

品種權是獎勵制度，有芽變就可以申請專利，江欽賀先向南投農糧署登記，第一次掛號，第二次繳費一、兩萬元，接著要準備母株十株、新種十株，送到新社苗場做性狀識別專利品種認定。核對市面上有沒有同樣的 DNA。經過性狀觀察、栽培、比對完，確定沒有其他同品種，就核發專利權。

因為沒有經驗，送件過程繁鎖，差點搞得他不想做了，從申請書遞進去到品種權成立，共花了 3 年的時間。當時申請品種權的花農很少，

凱薩琳的銷售佳績，讓擁有
品種權的江欽賀，更有底氣
的走在種植玫瑰的道路上。

他雖不是第一個申請品種權，但卻是讓這個品種在市場長期存續下來的
少數之一。年年還得繳品種權規費。做切花生意就是要種才有收入，有
沒有專利其實並沒有那麼重要，但是這種成就感還是鼓舞了他想繼續走
在種玫瑰的路上。

現在的天然環境和競爭態勢，不利本土玫瑰切花

在台灣種玫瑰，其實是有點逆天而行，因為台灣的夏天高達 6、7 個
月，雖然夏天花更多，但是品質差。所以台灣玫瑰的產期高峰是從四月
開始，然後漸漸往下，到 7、8 月呈靜止狀態，期間因 5、6 月份正值畢
業季，所以花的價錢還不錯。

以他近 20 幾年的經驗，他現在都是等東北季風吹起，才開始修剪。

冬天採收的鐵達尼玫瑰切花,不論是花朵還是枝葉,都是一年之中最美的顏色和花型。

冬天玫瑰是七十到八十天後可以收花,夏天是四十五天到六十天後可以收花。江欽賀說,現在台灣的冬天氣候有點肖肖,常常連著十幾天十度,然後溫度才往上調,玫瑰的芽就不敢上來,會比較慢,玫瑰會在體內蓄積養分,它的不定芽就會慢慢的變粗,慢慢的成熟,但還不會冒出來,要等溫度回溫一點,它的芽就會大量的爆出來。

江欽賀以他去年的玫情為例,12 月初種下的枝條,今年 1 月底就冒基芽了,而去年有修剪過的枝條,雖然都還沒有動靜,但主幹的芽肥大了,只要溫度高一點,主幹就會長出很粗的芽來,只要早上的溫度不要在十二度以下,大概十五度左右就可以。十五度到到二十九度的溫度,玫瑰就可以長得很好。

玫瑰在冬天需要陽光,因為溫度低,它需要足夠陽光,才能行光合作用,基芽才會上來,因為玫瑰在冬天的修復能力比較好。

因為對玫瑰一直抱持長期經營的態度,所以對土壤非常在意,江欽

賀一直都使用有機質，讓土壤的 PH 質一直維持在 6 左右，微酸，他的花土之前測的 PH 質有點高，這是因為江欽賀用較多的有機質，再添加部分化學肥料，以補有機肥的氮肥較不足。江欽賀都是用進口的添加硝化抑制劑的肥料，比較長效，也較不會偏酸。

而隨著貿易商大量從國外買新品種的花進入花卉拍賣市場，使得玫瑰品種的更新速度加快，快速吃掉國產花的產值。

三年前開始種植食用玫瑰

2021 年，台中大旱，江欽賀開始鑿井，有水之後，他便開始想種食用玫瑰做玫瑰花露。江欽賀請台中農改場指導，農改場建議他種國色天香玫瑰，江欽賀花一年種起來，又花了一年讓做法穩定和調適口味，去年開始銷售，如今不但做出口碑，而且相關的產品也在增加中，包括玫瑰花醬今年也完成製作成品，開始銷售。目前江欽賀有 150 坪的土地用於種植食用玫瑰，未來計畫陸續增加種植面積。

至今已經種了 3 年國色天香，江欽賀深知，種食用玫瑰不能打藥，完全是看天吃飯，無法量產。

現在的江欽賀仍很願意嘗試玫瑰方面的新事物，用熱情和知識迎接前來體驗的消費者，從介紹豐原的產銷班，豐原的歷史，品種，季節變化、病蟲害的狀況，食用和觀賞玫瑰的種植和照護區別，教做食用玫瑰DIY。

從為了生計種玫瑰，到現在持續不斷嘗試玫瑰各種可能性，正如他自己說的「50 歲以前種玫瑰，是為了生活，50 歲以後種玫瑰，是為了靈魂。」一路走來玫瑰的人生，江欽賀樂在其中了。

江欽賀如今有150坪的花田用來種植食用玫瑰國色天香，未來將會擴充，因為食品市場對食用玫瑰花瓣的需求與日俱增。

江欽賀給玫瑰新手的養植建議：

❶ 進式入手花苗，不要一次買太多盆，先試著種兩三盆，等有種活了，再買新苗，你的成就感會比較容易得到。

❷ 盆栽的玫瑰，無法像地植，根可以自由延伸生長，根系穩得較快。所以盆栽玫瑰在夏天時要特別注意：除蕾，還有保留葉子的量，以及一定要留下營養葉。營養葉就是沒開花的枝條，要留下，不要剪，因為營養葉有助玫瑰生長和活躍性。

❸ 怕剪錯，或不會修剪，就改用捻枝法，就是把玫瑰的營養枝，用手指扭轉一下，不要絞斷，就是扭一下，讓枝條垂下來，營養液還在，但

有點受阻，如此一來，既可以保住枝頭上的葉子繼續行光合作用，也可以讓捻的前方長出新芽，因為這就是頂芽了，一定會是強芽。

❹ 澆水的時間也是關鍵。玫瑰喜濕潤，但是一天之中必須有乾的時候，讓根系透氣，所以最好早上澆水，這樣盆中的水分才會在晚間乾掉，讓空氣進入盆中，有助根系的透氣。

如果玫瑰的根系一整天，或者晚上還泡在濕水中，根系就沒有透氣的時候，沒有明顯的乾濕循環，玫瑰的根系就長不好。養到第 3 年的植株，是最強的

❺ 盆培是為了看花，所以不要每枝都壓，除了樹枝不好看，半年甚至 1 年，你都看不到花，不壓，它會長得大枝些，那就是要配合修剪，才會有新芽出來，有芽才會有花，所以你可以部分壓，部分不壓。

❻ 玫瑰的頂芽優勢明顯，只要將最高的枝條頂端剪下去，它的活躍性會讓你馬上看到，在修剪枝的二、三芽點處會長出新芽，這是促進玫瑰發枝的方式。

玫瑰是木本花卉，要長得大，長得好，就不能太小棵，所以盆栽要注意讓根系要有著地力，能抓住土壤，根系才會強壯。玫瑰的根就像人的腸胃，人的腸胃不好，健康就會打折，玫瑰也一樣，根要長得好，得有基質，就像人腸胃裡的益生菌，有益生菌，人的腸胃才會健康，玫瑰的根系要有土可以著力，才會有它的益生菌，玫瑰才會長得健壯、會長葉、會開花。

❼ 肥料很重要，玫瑰特別重水和肥，肥料一定要選買發酵過的，比較不會傷害根系生長。一般的水溶性化學肥料就是會殘留鹽基，所以每過一段時間，可以加入有機肥，以增加地利（就是養地）。

右圖／教父

養好玫瑰的關鍵 10 堂課：從 1 品變 400 品不藏私栽培實錄

作　　　者	Ady、羅惠馨	
圖　　　片	Ady	
美 術 設 計	關雅云	

社　　　長	張淑貞	
總 編 輯	許貝羚	

發　行　人　何飛鵬
事業群總經理　李淑霞
出　　　版　城邦文化事業股份有限公司 麥浩斯出版
地　　　址　115台北市南港區昆陽街16號7樓
電　　　話　02-2500-7578
傳　　　真　02-2500-1915
購 書 專 線　0800-020-299

發　　　行　英屬蓋曼群島商家庭傳媒股份有限公司城邦分公司
地　　　址　115台北市南港區昆陽街16號5樓
電　　　話　02-2500-0888
讀者服務電話　0800-020-299（9:30AM~12:00PM；01:30PM~05:00PM）
讀者服務傳真　02-2517-0999
讀者服務信箱　csc@cite.com.tw
劃 撥 帳 號　19833516
戶　　　名　英屬蓋曼群島商家庭傳媒股份有限公司城邦分公司

香 港 發 行　城邦〈香港〉出版集團有限公司
地　　　址　香港九龍土瓜灣土瓜灣道86號順聯工業大廈6樓A室
電　　　話　852-2508-6231
傳　　　真　852-2578-9337
E m a i l　hkcite@biznetvigator.com

馬 新 發 行　城邦（馬新）出版集團 Cite (M) Sdn Bhd
地　　　址　41, Jalan Radin Anum, Bandar Baru Sri Petaling, 57000 Kuala Lumpur, Malaysia.
電　　　話　603-9056-3833
傳　　　真　603-9057-6622
E m a i l　services@cite.my

製 版 印 刷　凱林印刷事業股份有限公司
總 經 銷　聯合發行股份有限公司
地　　　址　新北市新店區寶橋路235巷6弄6號2樓
電　　　話　02-2917-8022
傳　　　真　02-2915-6275

版　　　次　初版2刷113年11月
定　　　價　新台幣700元／港幣233元
I S B N　978-626-7558-23-2（平裝）

國家圖書館出版品預行編目(CIP)資料

養好玫瑰的關鍵10堂課：從1品變400
品不藏私栽培實錄/Ady, 羅惠馨著. --
初版. -- 臺北市：城邦文化事業股份有
限公司麥浩斯出版：英屬蓋曼群島商家
庭傳媒股份有限公司城邦分公司發行,
民113.10　面；　公分
ISBN 978-626-7558-23-2(平裝)

1.CST: 玫瑰花 2.CST: 栽培

435.415　　　　　　113015087